塔北地区奥陶系碳酸盐岩油藏精细描述

TA BEI DIQU AOTAOXI TANSUANYANYAN
YOUCANG JINGXI MIAOSHU

主　编：曹　鹏　张建勇　张银涛
副主编：乔占峰　常少英　周玉辉　崔仕提

图书在版编目(CIP)数据

塔北地区奥陶系碳酸盐岩油藏精细描述/曹鹏,张建勇,张银涛主编.—武汉:中国地质大学出版社,2024.3
ISBN 978-7-5625-5808-8

Ⅰ.①塔… Ⅱ.①曹… ②张… ③张… Ⅲ.①塔里木盆地-碳酸盐岩油气藏-研究 Ⅳ.①P618.13

中国国家版本馆 CIP 数据核字(2024)第 048078 号

塔北地区奥陶系碳酸盐岩油藏精细描述	曹 鹏 张建勇 张银涛		主编
责任编辑:韩 骑	选题策划:韩 骑		责任校对:宋巧娥
出版发行:中国地质大学出版社(武汉市洪山区鲁磨路388号)			邮编:430074
电 话:(027)67883511	传 真:(027)67883580		E-mail:cbb@cug.edu.cn
经 销:全国新华书店			http://cugp.cug.edu.cn
开本:787 毫米×1092 毫米 1/16		字数:322 千字	印张:13.25
版次:2024 年 3 月第 1 版		印次:2024 年 3 月第 1 次印刷	
印刷:湖北新华印务有限公司			
ISBN 978-7-5625-5808-8			定价:128.00 元

如有印装质量问题请与印刷厂联系调换

《塔北地区奥陶系碳酸盐岩油藏精细描述》编委会

主　编：曹　鹏　张建勇　张银涛

副主编：乔占峰　常少英　周玉辉　崔仕提

编　委：陈榿俊　罗　枭　沈金龙　杜一凡　王孟修
　　　　李国会　刘志良　黄理力　张天付　吕学菊
　　　　谢　舟　姚　超　李　昌　张　杰　汪　鹏
　　　　朱永进　熊　冉　李梦勤　邵冠铭　孙晓伟
　　　　张　宇　鲁慧丽　姚倩颖　赵　辉　张　琪
　　　　盛广龙　孟凡坤　饶　翔　李宗法　周再乐

前 言

人们对碳酸盐岩的研究始于20世纪50年代,随着碳酸盐岩油藏的大量发现,以及对碳酸盐岩沉积、成岩、后生作用研究的深入,碳酸盐岩储层的研究取得了突飞猛进的发展。20世纪70年代,国外学者将碳酸盐岩储集空间分为洞穴、孔洞、粒间孔、粒内孔、铸模孔、晶间孔、隐蔽孔、窗格孔、生长格架孔、喉道和裂缝11种类型。中国学者按喀斯特发育程度将碳酸盐岩缝洞储集体分为三类:孤立的缝洞储集体(四川纳溪),多个储集体联合的缝洞系统(新疆塔河),各缝洞系统连成的一个圈闭(河北任丘)。塔河油田下奥陶统灰岩段有效储渗空间按成因、形态及大小可分为四类:溶蚀孔、溶蚀洞穴、风化裂缝和构造裂缝。碳酸盐岩储集层分为裂缝-孔隙型、裂缝-孔洞型和裂缝型,碳酸盐岩的原始储集空间经历了多期成岩作用改造,另外后期构造活动也产生了大量裂隙通道,有效储集空间绝大部分为次生成因,溶蚀作用很大程度上改善了储集性能,其中裂缝-孔洞型为最有效的储集层。

在我国,塔里木盆地中下奥陶统碳酸盐岩缝洞型储层,四川盆地震旦系、石炭系、二叠系天然气储层,鄂尔多斯盆地下奥陶统白云岩中的天然气储层均与古岩溶有关。古岩溶储层具有以下特点:古岩溶地貌对储集性能具有明显影响,岩溶高地和岩溶斜坡缝洞发育,潜流带上部最有利于水平溶洞发育;储集空间主要为与岩溶作用有关的孔、缝、洞,个体差异大,形状极不规则;由于岩溶作用具有差异性,即一些地方易溶蚀,另一些地方不易溶蚀,古岩溶储层孔、洞、缝的分布在垂向和横向上具有极强的非均质性。这些特点又易受到沉积环境、成岩作用、溶蚀作用等因素的影响。

为了深入地介绍和剖析塔北地区奥陶系缝洞型碳酸盐岩油藏,本书就塔北地区的区域背景和地层环境,结合塔北地区的地层层序、构造特征、沉积特征、储层特征、油藏特征等方面对塔北地区奥陶系缝洞型碳酸盐岩油藏展开了描述和分析;用数值模拟的方法,对塔北地区奥陶系缝洞型碳酸盐岩储层区块进行了三维建模,更加客观地描述了储层,为更精确地计算油气储量提供了思路,也为下一步有利勘探开发及油田增储上产指明了方向。

目　录

第一章　区域背景与概况 ……………………………………………………（1）
　　第一节　地理与区域位置 …………………………………………………（1）
　　第二节　地层发育特征 ……………………………………………………（2）
　　第三节　区域构造演化历史与特征 ………………………………………（3）
第二章　地层层序描述 ………………………………………………………（5）
　　第一节　层序地层学的理论基础 …………………………………………（5）
　　第二节　碳酸盐岩层序地层学 ……………………………………………（6）
　　第三节　塔北地区层序地层特征 …………………………………………（15）
第三章　构造特征描述 ………………………………………………………（44）
　　第一节　断层研究 …………………………………………………………（44）
　　第二节　油气田地质剖面图的编制 ………………………………………（55）
　　第三节　油气田构造图的编制 ……………………………………………（60）
　　第四节　塔北地区构造特征 ………………………………………………（66）
第四章　沉积特征描述 ………………………………………………………（79）
　　第一节　碳酸盐岩沉积模式 ………………………………………………（79）
　　第二节　沉积相划分方案 …………………………………………………（84）
　　第三节　沉积相特征分析 …………………………………………………（85）
　　第四节　沉积相的横向变化 ………………………………………………（96）
　　第五节　沉积相平面展布 …………………………………………………（98）
　　第六节　沉积演化模式 ……………………………………………………（106）
第五章　储层特征描述 ………………………………………………………（108）
　　第一节　碳酸盐岩储层 ……………………………………………………（108）
　　第二节　储层基本特征 ……………………………………………………（114）
　　第三节　岩溶储层纵向分布特征 …………………………………………（123）
　　第四节　岩溶洞穴特征 ……………………………………………………（127）
　　第五节　洞穴充填性评价 …………………………………………………（132）
　　第六节　缝洞单元划分与评价 ……………………………………………（135）
　　第七节　成岩作用对储层的影响 …………………………………………（143）

第六章 油藏特征描述 (145)
第一节 烃源岩评价 (145)
第二节 盖层分布特征 (150)
第三节 圈闭条件 (151)
第四节 油气输导及保存条件 (152)
第五节 典型油气藏 (154)
第六节 典型油气藏成藏过程分析 (159)

第七章 油藏地质建模 (161)
第一节 储层建模的目的意义 (161)
第二节 储层模型类型 (162)
第三节 储层随机建模 (167)
第四节 碳酸盐岩储层建模 (178)

参考文献 (199)

第一章 区域背景与概况

第一节 地理与区域位置

塔里木盆地是一个大型的多旋回性复合盆地,由前震旦系构成结晶基底,由不同时期不同属性的原型盆地叠置复合而成。盆地的演化发展受到伸展和挤压两种构造应力控制,最终形成"三隆四坳"的构造格局(图1-1),即塔北隆起、中央隆起、东南隆起、北部坳陷、库车坳陷、西南坳陷、东南坳陷。

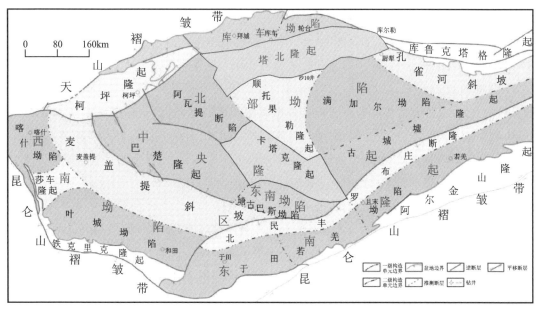

图1-1 塔里木盆地构造单元图

塔北隆起(即沙雅古隆起)位于塔里木盆地北部,由于经历了不同方向、多期次的构造运动,在下古生界顶面形成南北分带、东西分块的构造特征。北带为轮台凸起,沿新和-轮台一线展布,东高西低。南带东起库尔勒,西至阿瓦提坳陷,东西向延伸约400km,南北宽60~80km,形成"三凸两凹"的构造格局,由西向东依次为沙西凸起、哈拉哈塘凹陷、阿克库勒凸起、草湖凹陷、库尔勒鼻状凸起。塔北地区已发现多个大型奥陶系碳酸盐岩油气田,如哈拉哈塘、富满、塔河、轮南等油气田。

第二节 地层发育特征

奥陶系自下而上主要发育蓬莱坝组(O_1p)、鹰山组($O_{1-2}y$)、一间房组(O_2yj)、恰尔巴克组(O_3q)、良里塔格组(O_3l)和桑塔木组(O_3s)。蓬莱坝组和鹰山组碳酸盐岩是本次研究的重点。

一、蓬莱坝组

蓬莱坝组整体厚约 300m，柯坪—巴楚地区以及塔河钻井具有解释完整的蓬莱坝组，厚度分布稳定，反映了沉积环境为大范围的局限台地沉积。沉积岩性以白云岩为主，偶见砂屑灰岩夹层。在该组顶部普遍发育一套砂屑灰岩。

该组含 *Acanthodus lineatus*、*Glyptoconus quadraplicatus*、*Tripodus proteus* 3 个牙形刺带，为扬子区南津关组—分乡组、华北区冶里组常见组合带，相当于特马豆克阶。

二、鹰山组

根据牙形刺等古生物以及岩性、钻井、测井资料，鹰山组可以划分为两段。

鹰山组下段($O_{1-2}y^1$)：沙88等井有较多揭示，沙88井视厚370.0m(5 940.0~6 310.0m)，塔204井视厚185.0m(5 815.0~6 000.0m，未见底)，沙62井视厚265.0m(5 535.0~5 800.0m，未见底)。岩性主要为大套灰岩夹云岩。根据沉积环境的不同，云岩比也不相同。在塔河钻井区，岩性基本为云岩、灰岩互层；在柯坪地区野外剖面，鹰山组下段多为大套灰岩段，如水泥厂剖面；在大坂塔格剖面、蓬莱坝剖面，鹰山组下段更多为藻云岩、藻灰岩或薄层的砂屑灰岩、重结晶云岩互层。该段含 *Paroistodus proteus-Serratognathus diversus*、*Baltoniodus comunis* 两个牙形刺带，为下奥陶统玉山阶下部重要化石带。

鹰山组上段($O_{1-2}y^2$)：该段为大套开阔台地环境的砂屑滩、滩间海沉积，沉积环境稳定，在测井曲线上 GR 值表现稳定。局部发生白云化，如于奇5井等。该段含 *Paroistodus* cf. *originalis*、*Scolopodus bicostatus*（*S. tarimensis* Fauma）两个牙形刺带，与柯坪地区同一组段可以很好地对比，属中奥陶统大湾阶。

前人对该盆地奥陶系牙形刺生物地层开展了大量的露头和井下工作，分地区建立了牙形刺生物地层，奥陶纪牙形刺可划分为 25 个带，可与奥陶纪的标准化石笔石相媲美，从而可以和扬子板块(图 1-2)，及全球其他地区进行对比。

目前已在蓬莱坝组下部建立了 3 个牙形刺带，分别是：*Acanthodus lineatus* 带、*Glyptoconus quadraplicatus* 带和 *Tripodus proteus* 带。

统	全球阶段	塔里木盆地：组	塔里木盆地：主要界面	塔里木盆地：牙形刺	塔里木盆地：岩性	扬子地区：牙形刺	扬子地区：岩性
中奥陶统	达瑞威尔阶	一间房组	T_7^4	*Py. serrus*	生屑灰岩、砂屑灰岩等	*Py. serrus* *Eoplacognathus suecicus*	泥灰岩
中奥陶统	达瑞威尔阶	一间房组		*E. suecicus*	生屑灰岩、砂屑灰岩等	*E. crassus Lenodus variabilis*	泥灰岩
中奥陶统	达瑞威尔阶	一间房组		*Lenodus variabilis*	生屑灰岩、砂屑灰岩等	*L.antivariabilis*	泥灰岩
中奥陶统	达瑞威尔阶	一间房组		*Ba.* aff. *navis*	生屑灰岩、砂屑灰岩等	*Microzarkodina parva* *Ba.* aff. *navis*	泥灰岩
中奥陶统	大坪阶	鹰山组	T_7^5	*Paroistodus* cf. *originalis*	砂屑灰岩、泥晶灰岩等	*Paroistodus* cf.*originalis*	泥灰岩
中奥陶统	大坪阶	鹰山组		*S. bicostatus*	砂屑灰岩、泥晶灰岩等	*Ba. triangularis*	灰岩、碎屑岩
下奥陶统	弗洛阶	鹰山组	T_7^6	*Ba. communis*	砂屑灰岩、白云岩互层	*Oepikodus evae* *Ba. communis*	页岩
下奥陶统	弗洛阶	鹰山组		*Pteracontio-dus-exilis*	砂屑灰岩、白云岩互层	*Prioniodus elegans*	页岩
下奥陶统	特马豆克阶	蓬莱坝组	T_7^8	*Pa. proteus-serr diversus*	砂屑灰岩、白云岩互层	*Serr. diversus*	灰岩
下奥陶统	特马豆克阶	蓬莱坝组		*Tripodus proteus*	砂屑灰岩、白云岩互层	*Paltodus deltifer*	灰岩
下奥陶统	特马豆克阶	蓬莱坝组		*Glyptoconus quadraplicatus*	白云岩为主	*G. quadraplicatus*	白云岩
下奥陶统	特马豆克阶	蓬莱坝组		*Acanthodus lineatus*	白云岩为主 藻灰岩	*Rossodus manitouensis* *Acanthodus lineatus*	泥灰岩
上寒武统			T_8^0	*M. sevierensis*	白云岩	*M. sevierensis*	

图 1-2 塔里木盆地与扬子板块牙形刺和岩性对比图

第三节 区域构造演化历史与特征

塔北地区经历了多期构造运动。

加里东早期，塔北地区发育正断层，断裂影响范围向东变宽，之后寒武纪—中奥陶世进入稳定碳酸盐岩台地发育阶段。寒武纪末的沉积暴露及短暂的喀斯特化使得寒武系与下奥陶统为平行不整合接触，地震 T_8^0 界面为加里东早期运动的标志。

加里东中期，断裂向北逆冲形成一个向北抬升、向南倾没的继承性背斜隆起，即为沙雅古隆起雏形。晚奥陶世加里东中期第Ⅱ幕，地壳再次抬升，使得良里塔格组与上覆桑塔木组之间呈平行不整合接触。地震剖面上桑塔木组和良里塔格组之间 T_7^2 界面之上的上超清晰可见。上奥陶统总体表现为北薄南厚特征，反映该时期北部隆起明显，沉积中心在南部。塔北地区志留纪海侵沉积的地层超覆于奥陶系之上，呈角度不整合接触。北部边界断裂在志留纪末期时再次隆升,志留系顶部遭受不同程度剥蚀。

海西早期,塔北地区经历了最重要的一次构造运动。海西早期构造运动后,塔里木盆地形成了东高西低的古地貌格局,石炭系不整合超覆在泥盆系、志留系、奥陶系之上,形成角度不整合接触关系,T_6^0界面存在明显的削截和上超现象。

海西晚期,轮台断裂活动非常强烈,形成了雅克拉断凸。海西晚期运动使古隆起再次抬升,遭受风化剥蚀,缺失大部分二叠系,石炭系也遭到不同程度的剥蚀,大部分地区仅保留下石炭统,三叠系底面与其为高角度不整合接触。

印支期,塔里木盆地进入一轮新的构造演化阶段,但这一时期塔北地区受影响较小。燕山期,沙雅古隆起主要表现为夷平作用,塔北隆起仍然处于较高位置。喜马拉雅期,塔北地区转变为南高北低的北倾单斜构造格局。现今天山仍为持续隆起状态,构造样式仍在持续改变。

第二章　地层层序描述

第一节　层序地层学的理论基础

层序地层学是根据地震、钻井和露头资料进行地层分布型式、沉积环境和岩相综合解释的一门科学。研究者通过层序地层学的解释过程可推出一个旋回式的、在成因上有联系的年代地层格架(chrono stratigraphic framework)。这些地层以具有陆上侵蚀的明显沉积间断构成的不整合面及与之相当的整合面为界。在这个年代地层格架中,通过解释查清沉积环境及与之相伴的岩相分布。这些岩相单元可以限定在以层面为界的等时间段内,也可以是在高角度跨越层面的穿时间段内。

层序地层学的基本观点是地层单元的几何形态、沉积作用和岩性受构造沉降、全球海平面升降、沉积物供给和气候四大参数的控制(表2-1)。

表2-1　层序地层学中基本变量及其作用

基本变量	作用
构造沉降	可容纳空间
全球海平面升降	地层和岩相分布型式
沉积物供给	沉积物充填和古水深
气候	沉积物类型

构造沉降和全球海平面升降的共同作用引起海(湖)平面的相对变化,海(湖)平面相对变化产生了可供潜在沉积物堆积的可容纳空间(accommoation),构造沉降和气候因素控制了沉积物的类型和输入量,其结果是沉积物供给速率的变化。上述因素共同作用最终导致沉积盆地可容纳空间的变化,因此产生了层序。由此可以看出,构造沉降、全球海平面升降、沉积物供给和气候这四大因素控制了沉积盆地沉积地层单元的几何形态、沉积作用和岩相分布。这些因素相互影响、相互作用,最终必将导致某一地区海平面相对于该地区陆架边缘的相对变化及沉积体系域的发生、发展和变化。当海平面上升速率大于构造沉降速率而引起海水穿过陆架时,形成海进体系域;随着海平面升高,相对上升速率减慢。当沉积物供给速率维持原速率时,单位时间内产生的可容纳空间减小,则由浅海相和非海相沉积物组成的岸线向盆地方向推进,从而形成高水位期海退体系域;若海平面急剧下降并且下降速率大于构造沉降速率,海水退到陆架边缘之下的沉积为低水位体系域的产物。如果海平面下降速率小于陆架边缘

处的构造沉降速率,则导致海平面相对下降或者海平面缓慢下降,内陆架暴露侵蚀而仅在外陆架出现缓慢沉积,则构成陆架边缘体系域。区分组成层序的体系域的关键部位是陆架坡点(或称陆架边角、陆架边缘)。以沉积物分布于该点之上或之下为依据划分低水位体系域、海进体系域和高水位体系域。

层序是层序地层学研究的基本单位。层序是顶底以不整合面及其相当的整合面为界,相对来说成因上有联系的地层。层序由其底界面不整合面性质及内部体系域的组成不同而分为Ⅰ型层序和Ⅱ型层序。当不整合面侵蚀范围延续到陆架边缘以下时称为Ⅰ型不整合面,否则为Ⅱ型不整合面。Ⅰ型层序的底界面为Ⅰ型不整合面及其相当的整合面,体系域由低水位体系域、海进体系域和高水位体系域组成;Ⅱ型层序的底界面为Ⅱ型不整合面及其相当的整合面,体系域由陆架边缘体系域、海进体系域和高水位体系域组成。

在层序内,体系域之间的分界面是非常重要的,低水位体系域和海进体系域之间的分界面称为首次海泛面。海进体系域和高水位体系域之间的分界面称为最大海泛面。在此面附近一般形成分布面积广,对油气勘探非常重要的密集段。

第二节 碳酸盐岩层序地层学

浅海碳酸盐岩沉积以相对厚的加积和前积沉积形式出现在温暖的热带区,它可以环绕在盆地周缘或成为盆内的孤立台地。盆地边缘沉积可以以宽阔的区域性台地和缓坡样式出现,或者以相对高角度(5°)的前积滩沉积样式出现。这些特征通常在地震剖面上能够识别出来,在碳酸盐岩台地沉积厚度用地震方法可以分辨的地方,利用地震剖面就可预测沉积相。在台地沉积较薄和接近于地震分辨的地方,测井、岩心解释结合地震解释和地震相,也可以进行沉积相预测。

碳酸盐岩相和层序解释的步骤包括:弄清碳酸盐岩沉积的区域盆地背景与时代关系;划分层序、编制沉积体外部几何形态图(运用地震测线网进行地震层序分析),圈定相的分布范围;圈定层序内的岩相,根据反射结构、振幅和连续性(地震相),结合测井资料和岩心描述,预测岩相分布。

一、沉积背景和相带

1. 沉积背景

根据盆地位置以及地层剖面的坡度,可以将碳酸盐岩台地和(或)浅滩边缘剖面分为3类:①附生于盆地边缘的区域性台地和(或)坡地,其沉积坡度小于5°;②环绕盆地边缘的区域性进积滩和(或)台地,有5°~35°的前缘斜坡;③滨外或孤立台地。这3类剖面都可以在地震剖面上识别,而且它们的内部地震相特征可以帮助预测其发育史及所包括的地质岩相。

1)区域性台地和(或)坡地

区域性坡地的厚度变化很大,从几米到几百米,其发育形式既有加积型,又有进积型。碳酸盐坡地从隆起区开始,以平缓的古区域坡度向下延伸。不存在明显的坡度转折,相型也常常是不规则的宽带。在地震资料中,坡地可能表现为低角度的"S"形或叠瓦状进积。碳酸盐台地的发育具有基本平坦的顶面,有时具有突变的边缘。台地的进积显示很差,因而在地震显示微弱处,识别台地和(或)坡地的边缘很困难。因此在层序格架中结合现有的测井和岩心资料,就显得特别重要。

2)区域性进积滩和(或)台地

发育型式以进积型式为特征,其前缘斜坡坡度为5°~35°。浅滩厚度从几米到数百米,进积作用可达数千米。这些浅滩表现为"S"形、"S"斜交形和斜交形进积型式。层序内常见的演化是坡地或低角度"S"形进积向斜交形进积的变化,这很可能是由高水位期末海平面下降引起的。

3)滨外孤立台地

这种台地以规模和厚度均很大的复杂岩隆出现,分布在离位于盆地边缘的区域性坡地或台地相当远的近海。裂谷盆地内的地垒断块常常引起孤立台地的发育,它们可以成为碳酸盐的沉积场所,而深水泥质沉积物则局限分布于地堑中。这种台地通常具有陡峭的边缘,而且有一侧可能朝向开阔海。

2. 相带

上述各类碳酸盐剖面都有一套特征性的相。多数碳酸盐沉积物是在盆地内产生的,而且基本上属于有机成因,因此相的分布对水深、水的化学性质以及水的流通性特别敏感。上述各类沉积环境显示了有代表性的碳酸盐剖面(从陆架到盆地),同时也标出了典型相带。这些相带的宽度和均一性都是变化的。如果陆架很窄,且陆架边缘很陡,那么相带也较窄且更有规律。如果台地和(或)浅滩边缘很缓且陆架区很宽,相带也就较宽,但比较凌乱。从近岸区到盆地,可以识别出以下相带:潮上—潮间坪相、浅海陆架相、台地或浅滩边缘相、前缘斜坡相和盆地相。

1)潮上—潮间坪相

潮间坪相通常表现为小规模的向上变浅的潮下—潮上旋回或准层序。据前人定义,准层序是一套有成因联系的层或层组整合序列,其界面是海泛面及其所对应的面。准层序的厚度为几米到30m以上,持续时间在1Ma内。它们是可识别的最小的他旋回或自旋回沉积序列。

潮积物有3种基本的沉积环境,即潮上、潮间和潮下。潮上的特征是泥裂、风暴成因的泥或砂级颗粒薄层、藻成因的纹层、窗格或鸟眼构造以及内碎屑层。其中藻成因的纹层可以延伸到潮间,潮上出现在正常或平均高潮面之上,多数时间暴露于大气条件下,潮间通常富含泥质并含有潮道复合体。潮道普遍含有内碎屑和岩屑的底部滞留沉积,上面覆盖着具虫孔的骨屑泥粒灰岩。潮间出现在正常高潮面和低潮面之间。相邻的潮下常由球粒碳酸盐的粒状灰岩和粒泥灰岩组成,缺乏原生沉积构造。在蒸发的气候条件下,潮间和潮上可出现结核状和星状移位石膏。

2)浅海陆架相

该相带通常由从潮下的骨屑泥状灰岩和粒泥灰岩到似球粒或骨屑的泥粒灰岩和粒状灰岩变浅的准层序组成。如果具备正常的海水条件,动植物就会很丰富,包括珊瑚、软体类、腕足类、海绵、节肢、棘皮类、有孔虫和藻类。生物扰动作用很常见。这种环境分布在潮坪的向海一侧,水深一般不大,为10～20m。因台地边缘的局限性或潮汐和海流的强弱程度,盐度在正常到中等之间变化,水体流通性在低到中高水平之间变化。如果陆架比较局限,有可能形成宽阔的蒸发盐潟湖,其特点是形成向上盐度变大的准层序(由泥质支撑的岩石组成,顶部为石膏或硬石膏)。

陆架或台地内部相和潮汐相的地震显示一般都是席状或楔形单元,具平行反射且底部表现为上超。在以碳酸盐为主的相域中,反射的连续性差、振幅低;在碎屑或蒸发盐和(或)碳酸盐的混合背景中,则连续性好、振幅高。陆架可以含有局部的碳酸盐岩隆,具有丘状地震形态。这种丘形反射在底部有下超,在顶部为平行或削截。把地震反射加厚成岩隆,可以鉴别比较隐蔽的低幅度丘形。上覆层位表现为披盖或上超。在块状、层状岩隆或礁岩隆中,反射的振幅低、连续性差,而在成层性很好的碳酸盐沙滩沉积体内,反射的振幅高、连续性好。

3) 台地或浅滩边缘相

在特有的生物类型和水体条件下,此相带构成了一个岩相复合体,包括变浅的骨屑或非骨屑的粒状灰岩、泥粒灰岩,生物与胶结物黏结灰岩。浅滩边缘准层序上覆广泛可对比的出露面。在许多情况下,由于沉积于活跃的高能波浪、海流状态的碳酸盐砂体存在垂向叠覆,所以单一准层序可能难以区分。这种浅滩边缘相通常含有小到中等规模的交错层理和海底硬底。生物礁含有块状和斑块状的生物与胶结物黏结灰岩,间隙中充填着灰泥岩或骨屑粒状灰岩与泥粒泥岩。此相带的沉积水深为海平面至50m,在适当部位可以构成小型岛屿,其宽度达数千米。

这种台地或浅滩边缘的地震相显示可呈丘形,具有不同程度的坡折。台地和(或)浅滩边缘相向陆架过渡为陆架相,向盆地过渡为前缘斜坡相。

4) 前缘斜坡相

此相带分布在台地和(或)浅滩坡折处向海延伸的斜坡上,此斜坡是坡地或进积滩的向海构筑部分。这里的沉积坡度可达35°或更陡,水深可达数百米或超过1000m。岩相为成层的灰泥岩,含有由碳酸盐岩屑或生物碎屑灰质砂岩组成的大型滑塌构造和透镜状或楔形层段,均属于从邻近的浅滩或坡地倾泻下来的碎屑沉积。此处可以有与碳酸盐互层的硅屑物质。

在该相带中,准层序发育不明显,它可以表现为碳酸盐岩(海进)—页岩(海退)的层耦或上覆有海底硬底的灰泥—异地砂屑层耦。下坡岩隆也可见,其成分在富含颗粒到富含灰泥之间变动。二叠盆地的斯特朗(Strawn)岩隆是前者的实例,而密歇根州的志留系塔礁和新墨西哥州的密西西比系沃尔索(Waulsortian)丘则是后者的实例。

前缘斜坡相的地震特征是下超反射,其角度有低(<5°)、中(5°～12°)和高(>12°)之分。前缘斜坡反射由指状交错的前缘斜坡碎屑和泥质碳酸盐岩构成。由于这两种岩相的阻抗不同,所以这种反射具有不同的振幅与连续性。

5) 盆地相

此相的成分视水体流通程度和水深的不同而有变化。深达100m的盆地环境只要有良好的水流循环,就会含有氧气并具备正常海水盐度,这时常见的特征性成分是虫孔骨屑粒泥灰岩,夹有一些泥粒灰岩。富含硅屑的层与灰岩成互层分布。生物种属多样,在某些地方可能很丰富,包括腕足类、珊瑚、头足类和棘皮类动物。较深(数百米)或比较局限的盆地区域具有缺氧和静水环境特征,其主要的岩相结构类型是暗色薄层状且通常为纹层状的灰泥岩。燧石也很常见。生物群中含有海绵骨针,主要是深海浮游动物,包括丁丁虫、颗石藻、放射虫和硅藻。如果盆地空间相当有限,就会出现盐度分层,这时盆地的碳酸盐沉积物含有准同生石膏或硬石膏。

碳酸盐盆地环境在海平面高水位期常处于非补偿状态。在斜坡的坡脚处,向盆地倾斜的前缘斜坡层明显变薄。在海平面低水位期沉积的局限盆地层位以超覆单元出现,可以由硅屑、蒸发盐和碳酸盐沉积物组成。有关低水位期碳酸盐单元的进一步讨论将在后文章节展开。

二、产率和沉积作用的控制因素

一套碳酸盐岩沉积层序的沉积形态、岩相分布和早期成岩作用,主要受海平面相对变化、沉积背景(盆地结构)和气候条件的控制。

在台地和浅滩边缘,发育有两种具不同微晶灰岩和海底胶结物含量的碳酸盐岩,为并进型碳酸盐岩体系和追补型碳酸盐岩体系。

(1)并进型碳酸盐岩体系:这种碳酸盐岩有较快的沉积速率,并能赶上海平面的相对上升。并进型碳酸盐岩的特点是,在台地边缘的早期海底胶结物数量较少,且普遍以富颗粒贫灰泥的准层序占优势。在浅滩边缘及台地内适当位置,并进型碳酸盐岩体系具有丘形和斜交的形态。

(2)追补型碳酸盐岩体系:这种碳酸盐岩体系沉积速度相对较慢,其根源可能是在高水位的大部分时间保持着不利于碳酸盐快速产生的水体条件,即缺氧、缺少营养物质、高盐度或低水温。追补型碳酸盐岩在台地边缘具有广泛的早期胶结特征,且可能含大量的富泥准层序。这种广泛的早期胶结,可能是沉积作用期间存在较长时间的孔隙流体运移和胶结物沉淀的结果。在浅滩或台地边缘,追补型碳酸盐岩体系表现为"S"形沉积剖面。

1. 海平面相对变化

海平面相对变化是碳酸盐产率和台地或浅滩发育以及有关岩相分布的首要控制因素。这一变化是构造变化速率(沉降或隆起)与海平面升降速率之和。由此造成的可容空间代表了碳酸盐层序的堆积潜力。

碳酸盐沉积物基本上是在沉积环境内原地产生的。碳酸盐主要由生物生成,其中有不少是光合作用的副产品。因此,这一作用过程离不开光线,它将随水深增大而急剧减弱。碳酸盐的大量产生局限于水体上部50~100m的深度范围,这里可供养大量的光合自养生物。很显然,在深度不足10m的水中,碳酸盐产率最高,然后在10~20m深度,产率急剧下降。浅海碳酸盐产率只在这种狭小的深度分布,是碳酸盐生产得以赶上海平面变化的一个重要原因。

全新世海平面上升期间碳酸盐礁的沉积史,显示了海平面变化对碳酸盐产率的影响,虽然全新世造礁珊瑚生长速度可比海平面上升速度大一个数量级,但实际上它们生长得比较慢。它们的垂向生长速度是海平面相对上升限制的总体质量平衡的函数。珊瑚的最大生长速度是 12 000～15 000μm/a,已超过了最快的海平面上升速率,即早全新世的 8000μm/a。即使如此,仍有大量的礁和台地没有赶上早全新世海平面的上升,因而发生了沉没(例如墨西哥坎佩切滩),或它们的向海边缘发生了退缩(例如加勒比台地巴哈马滩)。

礁的生长以及大多数碳酸盐的生产很容易受环境变化的干扰。碳酸盐堆积速率很低的原因:①早全新世海进期间,在滩外或台地外有来自台地顶部浅潟湖的微超咸或缺氧水的流动;②随着水深的增大,礁的生长速度下降;③碳酸盐生产的早期,速度很慢。因此,实际的长期堆积速率可能是以下因素的函数:海平面相对变化期间水体条件的变化(盐度、营养物、温度、含氧量)以及任一阶段所产生的可容空间(即海平面变化量加沉降量)的变化速率。

古老碳酸盐台地或浅滩的长期堆积速率要比全新世的速率低得多。例如,美国密歇根州志留系的堆积速率为 13μm/a,而得克萨斯州米德兰盆地下克利尔福克(Lower Clear Fork)组下部的碳酸盐堆积速率为 365μm/a。在晚全新世海平面上升(500μm/a)期间,鲕粒砂和潮汐沉积物的堆积速率在 500～1100μm/a 之间,而某些礁则可超过 10 000μm/a。在巴哈马滩边缘,全新统的最大堆积厚度为 12m,据此计算巴哈马滩的堆积速率为 1200μm/a。但如果考虑到计算这些数据的时间间隔很短(10 000a),而且不包括埋藏压实、准层序间断或长时间的海平面静止期,则全新世的这一速率并不是特别高,因此可以与许多古老层序的较低容存能力进行对比。

2. 沉积背景

对碳酸盐层序总体发育有重要影响的另一项因素是盆地结构。具有正常海水且循环良好的未受局限盆地,可为较广泛的生物群提供有利的生存环境,其生长潜力不同于局限盆地的生物群。高盐度或缺氧盆地具有特殊的或缩小的生物群。海底坡度的突然转折处(例如裂谷盆地边缘或孤立地垒断块边缘),可以成为礁或碳酸盐沙洲发育的有利场所。在沙洲区附近,可以发育横向突然相变的非常明确的线状相带。

后期的台地或浅滩边缘将通过加积和进积的形式发育,其最终形态(如抗浪礁、疏松沙洲)取决于有关生物的生长特性和水深。在具有中—低沉降速率的浅—中深(100～600m)盆地中,进积作用很常见。面向深大洋的边缘则是加积作用占优势的形态(如印尼特鲁姆布台地)。与此相反,海底逐渐加深而无突然坡折的背景可以发育比较宽阔且不大明确的相带(即克拉通背景)。

3. 气候变化

气候是碳酸盐相发育的第三个重要控制因素。如果气候干燥,就有利于蒸发盐的沉积。蒸发盐沉积可与陆架碳酸盐伴生,它们充填在陆架盆地和潟湖中,并进入潮上坪(萨布哈沉积)。在盆地受局限期间,蒸发盐可以充填盆地区域。气候对早期成岩作用的范围也有重要的控制作用,这种成岩作用通常与碳酸盐层位在海平面下降期和低水位期的出露有关,次生岩溶孔隙的发育程度与分布面积可以有巨大的差异。这种差异与出露时间的长短以及因降雨量大小而引起的潮湿或干旱气候有关。

三、不整合类型及相关的地质作用

1. Ⅰ型层序界面

如果海平面下降速率足以使其降落到原有台地和（或）浅滩以下，就会形成Ⅰ型层序界面。在此期间，存在两种重要作用：①斜坡前缘侵蚀；②淡水透镜体的向海迁移。

1）斜坡前缘侵蚀

在Ⅰ型层序界面形成期间，可以出现明显的斜坡前缘侵蚀，从而引起台地、浅滩边缘和斜坡上部物质的较大流失，其结果是造成碳酸盐巨角砾岩的下切沉积以及碳酸盐沙的推移流或密度流沉积。这种侵蚀作用的范围可以是局部的，也可以是区域性的。

在位于特拉盆地边缘的瓜达卢普山的西部陡崖上，出露3个中—上二叠统的Ⅰ型层序界面，都显示了明显的斜坡前缘侵蚀。其中位于库托夫（Cutoff）层序底部的层序界面已侵蚀到下伏的维多利亚皮克（Victoria Peak）组，所流失的浅滩前缘物质厚达250m，而位于库托夫层序顶部的层序界面，也表现出明显的斜坡前缘侵蚀，并具有好几个发育良好的侵蚀槽。

2）淡水透镜体的向海迁移

据解释，出现于Ⅰ型层序界面形成期的第二种重要作用是淡水透镜体的向盆地或海向的区域性迁移。对高水位期碳酸盐相域的大部分有影响的区域成岩事件，均与这种淡水透镜体伴生。此透镜体在碳酸盐剖面中的展布规模，与海平面的下降幅度、速率以及海平面处于台地和（或）浅滩边缘之下的时间长短有关。这将影响每套碳酸盐层序中淡水和混合成岩作用的强度。

在大规模Ⅰ型层序界面形成期间，即海平面下降75～100m或更多，且持续时间长，就可以在陆架上长期建立淡水透镜体，其影响可充分地深入地下，也许能进入下伏层序。如果雨量充沛，就会在陆架剖面的浅部出现明显的次生溶蚀和溶蚀压实。在潜水带的较深部位，将沉淀大量的淡水胶结物。不稳定的文石和高镁方解石颗粒会发生溶解，并作为低镁方解石胶结物重新沉淀下来。Vail的全球性海平面升降旋回图显示，重大的Ⅰ型海平面下降很少见。一般来说，海平面下降幅度要小得多。在小规模Ⅰ型层序界面形成期间（海平面下降不足75～100m且持续时间短），淡水透镜体的建立就不会那么完善，而且只停留在陆架的浅部，其结果是溶蚀作用和潜水带胶结物沉淀作用不够广泛。

在高水位期的晚期，混合水白云石化和超盐度白云石化都可以成为重要的作用，并可能持续到大、小规模Ⅰ型层序界面的形成。在小规模Ⅰ型层序界面的形成阶段，白云石化仅影响一套碳酸盐层序的浅部。下面是一些与Ⅰ型层序界面有关的碳酸盐岩发生广泛次生溶蚀的实例：①加勒比海的更新统灰岩；②西班牙的上中新统礁；可能还有印尼婆罗洲海域的特鲁姆布台地，那里的高水位期上覆有5.5Ma、6.3Ma和10.5Ma的层序界面；③墨西哥的中白垩统黄金巷台地，受到了94Ma不整合的影响，在某些地方孔隙度超过30%，主要是溶蚀扩大的粒间孔、粒内孔、铸模孔和晶洞孔；④中东地区白垩系（阿普特阶）的舒艾拜（Shuaiba）陆架和礁滩边缘相,上覆有109Ma的层序界面;⑤美国的上密西西比统灰岩(如新墨西哥州),在陆架上有溶蚀作用,在外陆架和陆坡部位有潜水带胶结作用,均与前宾夕法尼亚系的层序界面有关;⑥加拿大艾伯塔盆地北部中泥盆统的萨尔弗角(Sulphur Point)-凯格里弗(Keg Rrive)碳酸盐岩,受到了中泥盆世重要不整合的影响;⑦得克萨斯州西部二叠盆地的中奥陶统埃伦伯格群白云岩,具有明显的溶蚀孔隙。

与以上实例不同,多数Ⅰ型层序界面规模较小,仅发育局部溶蚀作用和潜水带胶结作用。阿拉伯 A-C 旋回的上侏罗统(提塘阶)碳酸盐台地,受到了134Ma、135Ma、136Ma的小规模Ⅰ型层序界面的影响,因而具有少量的溶蚀孔隙和潜水带亮晶胶结。美国大陆中部地区宾夕法尼亚系旋回沉积的高水位期陆架灰岩,显示了与小规模Ⅰ型层序界面形成期的地表出露有关的不稳定颗粒溶蚀、溶蚀压实以及局部的潜水带胶结作用。

2. Ⅱ型层序界面

与Ⅱ型层序界面有关的沉积作用及沉积过程和Ⅰ型层序界面有某些不同。在Ⅱ型层序边界面形成期间,海平面下降至浅滩边缘或稍低,而内台地地区出露,外台地和台地边缘可以有短暂的地表出露。一般说来,淡水作用主要分布在内台地,类似于小规模Ⅰ型海平面下降期所发生的作用。这些作用包括不稳定颗粒的溶蚀(尤其是不稳定的文石和高镁方解石)、少量的渗流带和潜水带胶结物的沉淀以及混合水带的白云石化。超盐度水的白云石化可在Ⅱ型层序界面形成期间发生。与Ⅰ型层序界面不同,这时的海平面是在相当短的时间内开始上升的,并向后淹没了外台地区。台地和(或)浅海边缘楔形体的沉积将在下伏台地边缘或其以下位置开始,并作向陆的上超。这里没有Ⅰ型层序界面那样的侵蚀作用,因此斜坡前缘侵蚀不是Ⅱ型层序界面的伴生作用。

美国阿肯色州和路易斯安那州北部的斯马科弗组灰岩(侏罗系牛津阶),是一个研究得很充分的以Ⅱ型层序界面结束的碳酸盐台地。它由两个向上变浅的高水位体系域组成,在每个高水位期的晚期,都表现为追赶型沉积,油气储层为厚层鲕粒灰岩。海水胶结作用不常见,但在薄层中有分布,所充填的主要是粒间孔隙。上部的高水位体系域在阿肯色州中部上覆有巴克纳(Buckner)组硬石膏和红层,而在阿肯色州南端和路易斯安那州北部仅有红层。据解释,阿肯色州南部与路易斯安那州北部的巴克纳组,表明在144MaⅡ型层序界面形成期出现的碎屑和(或)蒸发岩相的突然向下迁移(从内台地向近滨)。阿肯色州中部的内陆架区以鲕粒溶蚀为主,粒间孔已完全被纯而极细的等轴亮晶方解石所充填。储层级别的孔隙度和渗透率分布在鲕粒状灰岩发生白云石化的位置。这种成岩作用发生在埋藏和压实之前,可以解释为地表出露效应和淡水成岩作用。在阿肯色州南部,孔隙度因以下因素而减小:①少量的纤维状海水胶结物;②溶蚀压实作用;③粗粒嵌晶方解石的沉淀。海水胶结物并不常见,但可出现于薄层中,胶结物主要充填于粒间孔隙。

四、体系域特征

1. 低水位体系域特征

碳酸盐低水位体系域和海进体系域是碳酸盐层序地层学的重要组成部分。低水位体系域可分为三类：Ⅰ型低水位期沉积、Ⅱ型台地（浅滩）边缘楔形体、局限盆地的上超蒸发盐楔形体。

1）Ⅰ型低水位期沉积

Ⅰ型层序的低水位期沉积可以分为"异地碎屑"（来自斜坡前缘的侵蚀）和"原地碳酸盐楔形体"（低水位期沉积于斜坡上部）。这种异地沉积物所形成的楔形体由碳酸盐碎屑流和碳酸盐沙组成，沉积于受侵蚀斜坡的坡脚及其对面。在高水位期进积期间，也会倾泻异地碎屑，但与低水位期的碎屑不同，它们可以顺着斜坡沉积物向上追踪到同时代的台地沉积，与广泛的斜坡侵蚀无关，等达到了海平面的低水位期且海平面下降速率变慢，那么就会在变浅的斜坡区发育原地碳酸盐沉积。在这个阶段，缓慢的海平面上升将在斜坡上部和外台地区产生可容空间。同样，低水位期楔形体将反过来向斜坡和外台地上超。

这种楔形体的发育同时受盆地水体条件（盐度、流通性）和下伏高水位期前缘斜坡度（陡、缓）的影响。如果盆地保留着正常海水盐度且流通性良好，同时下伏的沉积坡又很平缓，那么就会出现大范围的大量浅水碳酸盐沉积，可以发育成重要的低水位期楔形体。比较局限的盆地或很陡的沉积坡度都对低水位期楔形体的发育不利。

当海平面开始发生比较快速的上升时，这种低水位期楔形体就会随之沉没，并受到向陆退缩的海进体系域的覆盖。在沉积位置的向海一侧，快速加深的环境中出现了低沉积速率，沉积了一个薄凝缩剖面。薄凝缩剖面通常由页岩状的微晶灰岩组成，含有很薄的带虫孔的泥状—粒泥灰岩及大量的海底硬底。这里的海进体系域视水体条件和海平面上升速率不同，可以表现为保持型或追赶型的沉积。当陆架上出现含氧充分的正常海水，且海平面的上升速率慢到使碳酸盐的生产足以赶上可容空间扩大时，就会形成保持型沉积。追补型沉积的情形与此不同，它在水体条件不大适合碳酸盐产率要求时才可能出现。低水位期楔形体，依据形成位置又可分为以下两类。

（1）异地低水位期楔形体。得克萨斯州瓜德鲁普山的二叠系（乐平统和瓜德鲁普统）碎屑沉积、来自"原始泛大洋"的晚前寒武纪—早奥陶世碎屑和浊流，以及意大利三叠系（卡尼阶）中的广泛碎屑岩，都是这种楔形体的实例。

（2）原地低水位期楔形体。巴哈马滩和圣克鲁瓦滩的边缘都存在原地低水位期楔形体的实例，它们是在全新世海平面上升的早期沉积的。在这些滩缘堆积了一系列全新世礁，目前已沉积在20m深的水中。它们已上超到斜坡上部的滩缘，而在圣克鲁瓦滩的实例中，全新世礁则上超到海底峡谷的上部，而且目前均为全新世进积滩缘的碳酸盐覆盖。古老原地碳酸盐低水位期沉积的实例有阿尔卑斯南部白云岩区的三叠系、印尼海中新统纳土纳油气区以及二叠系盆地格雷伯格组的下部。

2)Ⅱ型台地(浅滩)边缘楔形体

Ⅱ型台地(浅滩)边缘楔形体的实例有美国阿肯色州和路易斯安那州南部的巴克纳(Buckner)组楔形体。这是一个很薄的超覆性台地边缘楔形体,沉积于斯马科弗组高水位期台地边缘的盆地一侧。以麦卡梅帕顿(Mckamie Patton)油田为界,以北的楔形体由硬石膏和红色页岩组成,以南的为含少量硬石膏的红色页岩。巴克纳组的硬石膏和(或)页岩一般解释为潮坪(萨布哈)成因。在阿肯色州南端和路易斯安那州东北部,它相变为斯马科弗型浅水灰岩(斯马科弗 A 层)。在路易斯安那州的北部,巴克纳组的台地边缘楔形体由浅水鲕状灰岩和藻黏结灰岩相所组成。

3)局限盆地的上超蒸发盐楔形体

第三类低水位体系域就是局限盆地的上超蒸发盐楔形体,所伴生的既可以是Ⅰ型层序界面,也可以是Ⅱ型层序界面。蒸发盐可以出现在各类体系中:①为退覆性低水位期或陆架边缘楔形体;②为海进体系域的超覆和退缩性单元;③为高水位体系域台地内部背景中的潟湖和(或)萨布哈相。据预测,海进期蒸发盐出现在海平面缓慢上升阶段,此时台地或浅滩顶部水体保持着超盐度。随着海平面上升速率的增大,盆地性质变得接近于正常海,因而蒸发盐沉积被碳酸盐沉积所取代。有两个例子可以说明这些过程,它们是密歇根盆地和加拿大西部的中泥盆统盆地。

密歇根盆地的志留系礁,是在中志留世两个海平面升降旋回(温洛克期和罗德洛期)期间在一个向盆地倾斜的碳酸盐岩坡地上沉积的。高水位期沉积是在一个(盐度)分层的盆地中有礁发育,横向上与盆地内沉积的较薄的纹层状硬石膏泥状灰岩毗邻。低水位期沉积是在Ⅱ型海平面下降期间出现的。这时盆地受到了局限,礁的生长已经终止,因而 A-1 层和 A-2 层蒸发盐岩作为超覆和覆盖盆地的楔形体沉积了下来。

2. 高水位体系域特征

在海平面相对高水位期出现的碳酸盐沉积体系域,其下界是海进体系的顶面(在许多场合都是一个下超面),而上界则是一个层序界面。高水位体系域的一般特征是相对较厚的加积、进积形态。它们形成了广布的台地、坡地和进积滩,而且在孤立台地中具有滨外的对应层位。据解释,它们是在海面上升的晚期、海面静止期和海面下降的早期沉积的。

碳酸盐高水位体系域的早期和晚期部分,普遍反映了在高水位期的早、晚期可容空间和水体条件的不同变化速率。在高水位期的早期,容存空间的增加相对较大,但水体条件并不一定有利于碳酸盐的高产率,其结果是在陆架区出现相对缓慢的沉积和加积堆积,并在地震剖面上表现为"S"形反射型式。以后随着全球性海平面开始下降,陆架上可容空间的增加速率也就降低。陆架水体的流通性和稳定性均变好,因而产生了较高的碳酸盐产率。

台地和(或)浅滩边缘的丘形加积、斜交进积是晚期高水位体系域所具有的特征。在二叠盆地的伦纳德层位(中二叠统)中,这一特征表现得很明显。在一个基本上由碳酸盐组成的早期高水位期"S"形结构之后,可以出现由碳酸盐岩和砂岩混合组成的斜交进积结构。

第三节 塔北地区层序地层特征

层序界面的成因类型、地质属性、层序级别等特征是划分不同时代地层的依据,是建立区域等时地层格架的基础,是层序地层分析的重要内容。本次研究的低级序层序界面主要是指三级和四级界面。低级序层序界面识别指标有露头的沉积特征、古生物和地化特征、测井及地震资料、米级旋回叠加样式转变等方法。其中,四级层序界面更多的需要借助于米级旋回叠加样式的转变来识别,采用其他方式可能效果并不明显。

一、层序地层特征

1. 露头的沉积特征

在野外露头上,低级序层序界面下往往由于暴露侵蚀作用,出现古土壤、喀斯特、滑塌角砾岩等现象(图 2-1)。该种方法是最直观的识别方式,对于长期暴露的三级层序界面来说相对易于识别。柯坪水泥厂剖面位于柯坪县城西北 10km 处,出露上寒武统丘里塔格下亚群到中下奥陶统鹰山组地层。T_8^0 界面呈波状起伏展布。界面之上为蓬莱坝组浅灰色层状藻灰岩,厚约 2m。界面之下为丘里塔格下亚群大套细晶白云岩,该套白云岩顶部顺不整合面发育大量未充填的溶蚀孔洞。蓬莱坝组和鹰山组之间夹厚约 15cm 的黏土层(图 2-1),反映了该界面存在暴露淋滤的过程。

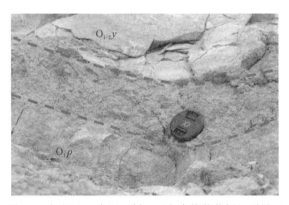

图 2-1 柯坪地区水泥厂剖面下奥陶统蓬莱坝组顶界面

2. 古生物和地球化学特征

生物类型、生物数量的突变反映了沉积环境的突变,代表相邻地层之间发生过沉积间断或地层缺失,是不整合存在的证据。例如乌什地区鹰山北坡剖面,奥陶系鹰山组和蓬莱坝组之间缺失 *Tripodus proteus/Paltodus deltifer* 牙形刺带,约 3Ma,表明 T_7^8 不整合面的存在。

塔河钻井岩心取样分析显示,蓬莱坝组、鹰山组下段、上段、以及一间房组牙形刺具有分段分布的特征(图 2-2)。蓬莱坝组顶部可见 *Teridontus gracilis* (Furnish),*Paroistodus numarcuatus*

(Lindstrom)等牙形刺类型，鹰山组下段可见 *Drepanoistodus Forceps* (Lindstrom)，*Scolopodus tarimensis* 亚带等。鹰山组顶部可见 *Baltoniodus communis* (Ethingtonet Clark) 牙形刺类型。一间房组可见 *Tasmanognathus shichuanheensis* An 牙形刺类型。牙形刺具有明显分带分布的特征，据此可以和邻区进行对比。

在碳酸盐岩研究中，通常利用碳、氧稳定同位素变化来确定不整合面的存在。不整合界面处古风化壳中碳酸盐岩的 $\delta^{13}C$ 值和 $\delta^{18}O$ 值明显偏负，而向下往原岩的方向 $\delta^{13}C$ 和 $\delta^{18}O$ 数值都逐渐增加。塔河钻井采样分析测试也证明了这一点。蓬莱坝组上部到一间房组下部 $\delta^{13}C$ 主要分布在 $-4.2‰ \sim -0.2‰$ 之间。该地区以中下奥陶统为界，表现出 $\delta^{13}C$ 向上明显的正偏特征(图 2-2)。氧同位素值为 $-11.2‰ \sim -4.3‰$，整体具有从老地层到新地层逐渐增大的趋势。塔北地区钻井的锶同位素测试表明 $^{87}Sr/^{86}Sr$ 值位于 $0.708865 \sim 0.710683$ 之间，和碳同位素向上正偏移不同，锶同位素表现为负偏移特征(图 2-2)。

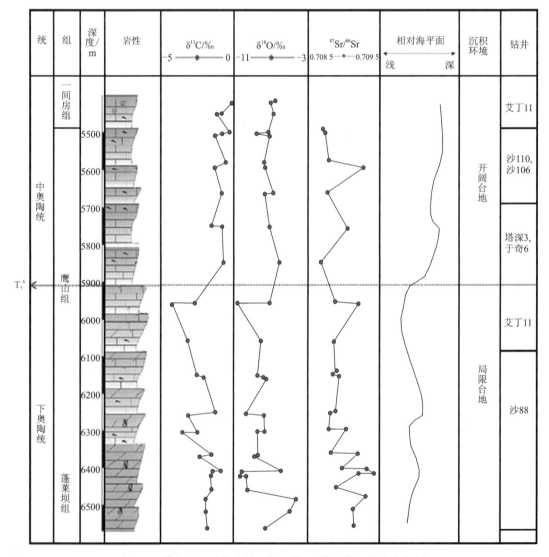

图 2-2 塔河地区钻井岩性、$\delta^{13}C$、$\delta^{18}O$ 和 $^{87}Sr/^{86}Sr$ 综合柱状图

矿物的成分特征：不整合面附近的元素含量变化明显，活动性元素流失，惰性元素相对富集。化学风化标识可以识别不整合面。对柯坪水泥厂剖面蓬莱坝组和鹰山组界面处进行连续的元素和自然伽马值(GR)测量，在 T_7^8 界面之下 10m 层段 GR 值表现为明显的连续高值，界面之上表现为明显的连续低值。这和该界面风化淋滤作用相吻合。该界面之下 Ti、Al 等惰性元素同样富集，Sr 元素出现局部极小值，Ba 元素在界面出现局部极大值，K 元素为局部极小值。界面上下主微量元素变化明显(图 2-3)。

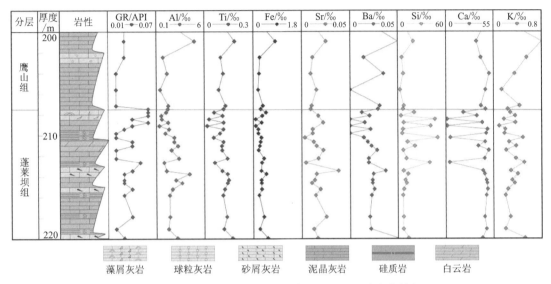

图 2-3 柯坪地区水泥厂剖面 T_7^8 界面上下元素变化特征

3. 测井及地震资料

测井的纵向分辨率较高，可以确定沉积物在垂向上的演化规律，也可识别出不整合面。常用于分析不整合存在的测井序列是自然伽马能谱测井。由于不整合面界面之下附近通常发育风化壳，风化壳中充填较多的泥质以及含有放射性元素的物质使得自然伽马能谱测井曲线出现较大的正异常，放射性元素 U 明显增长(图 2-4)。自然伽马能谱中的 Th/K 值是碳酸盐岩沉积相对古水深的良好指标，Th/K 值增大代表了沉积古水深变浅，通常 Th/K>7 代表一种暴露环境，可解释为碳酸盐岩地层暴露不整合的存在。

通过对塔河油田塔深 2、沙 88 和塔深 1 三口井常规成像测井对比(图 2-5)，可知以 T_7^6 为界，GR 测井曲线表现出明显的参差不齐、波动较大的特征，反映了云岩、灰岩互层的特征。该界面之上 GR 测井曲线表现为平稳偏低的特征，表现为大套稳定灰岩的沉积。该界面 GR 测井响应稳定，易于追踪对比。对比该界面的成像测井分析可知，该界面以上裂缝发育，终止于该界面上。该界面以下多表现为孔洞系统的发育。

地震的反射特征：削截、上超、顶超、地震相是在地震剖面上识别不整合界面的基本标志。不同的反射终止特征对应不同成因的不整合类型，削蚀对应侵蚀暴露型不整合，上超则属于沉积型不整合(图 2-6)。

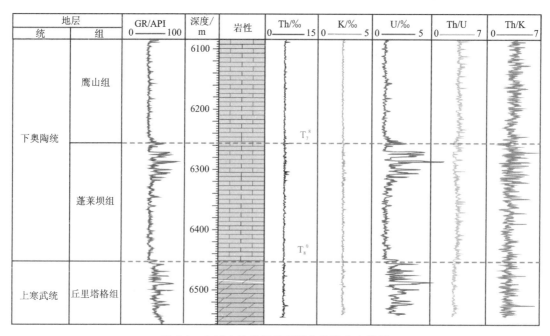

图 2-4 古城 4 井关键界面测井曲线响应特征

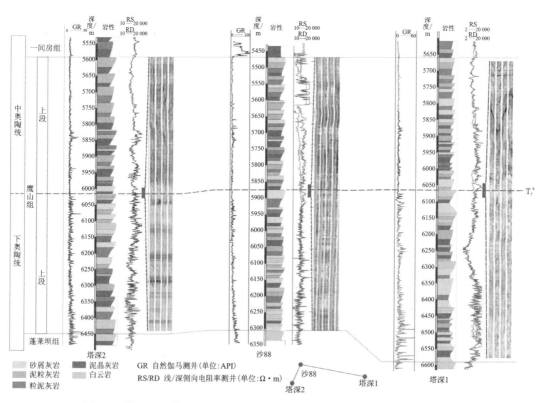

图 2-5 塔河地区塔深 2 井、沙 88 井和塔深 1 井关键界面测井曲线响应特征

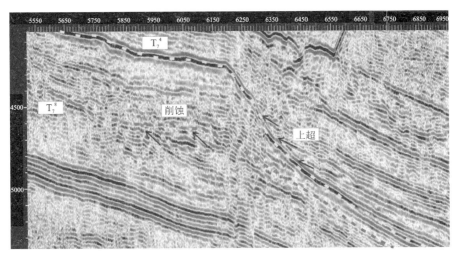

图 2-6　塔中地区中下奥陶统关键界面地震响应特征

以上方法对三级层序界面的识别有效,但对于四级层序界面识别可能存在困难。这种情况下除了多因素综合分析外,还应该考虑层序基本构成单元叠加样式的转变。

塔北地区中下奥陶统米级旋回纵向上的叠加样式主要分为 3 种类型:进积型、退积型以及加积型,分别对应了不同的碳酸盐岩生长速率和海平面升降关系。水泥厂剖面蓬莱坝组中部可见到明显的米级旋回叠加样式的转变(图 2-7),下部米级旋回厚度向上增加,代表了海平面逐渐降低,表现为海退特征;上部为米级旋回厚度呈逐渐减小的趋势,代表了海平面后期的逐渐升高,表现为海侵特征。由下部海退到上部海侵的转换面即为四级层序界面。因此米级旋回叠加样式的研究也是识别低级层序界面的有效手段。单个米级旋回对应的元素特征有明显的变化,但是叠加样式的变化具有一定的旋回性,但在界面处的表现却并不明显。在四级层序界面用微量元素已不能识别的情况下,通过米级旋回叠加样式的转变对其进行识别是一个有效的方法。

4. 低级序层层序界面评价

1)结构构型与范围

研究阿巴拉契亚盆地的前寒武纪/古生代的黏土质蚀变的多幕演化时,大部分的前寒武纪岩石可以理想化地分为 3 个区带,即原始带、蚀变带、置换带。研究发现,越靠近古生代不整合,强烈蚀变越发育。不整合在纵向上可分为 3 个区带:风化黏土层、半风化岩石层、未风化岩石层。

通过对塔北地区 T_7^8 界面之下 30ms 提取平均瞬时相位属性,结合地层厚度和地震剖面(图 2-8),总结出 T_7^8 界面结构构型特征。T_7^8 界面和古地貌特征具有较好的一致性。西部局部地区具有微角度不整合接触的特征,具有削截现象。微角度不整合接触区域相对于 T_8^0 减少,反映了构造活动强度减弱,大面积区域表现为整合接触,地震同相轴连续。东部为近整合接触。

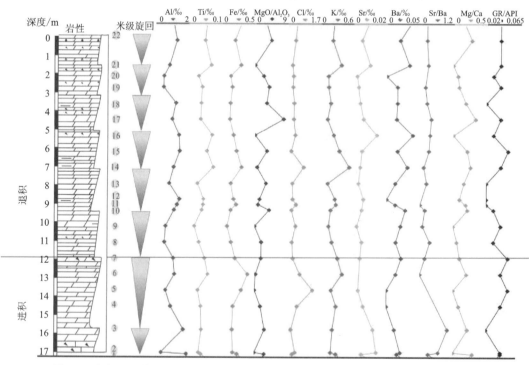

图 2-7 柯坪地区水泥厂剖面蓬莱坝组米级旋回叠加样式(上)及其地球化学响应(下)

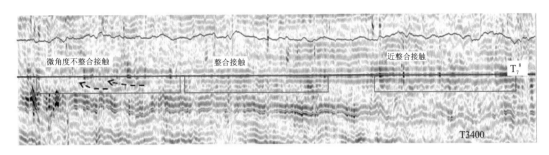

图 2-8 塔北地区蓬莱坝组顶界面 T_7^8 性质及其展布

2) 成因类型及级别划分

层序界面按成因可分为四类：①由构造运动引起抬升剥蚀而形成的构造（角度）不整合；②由长时间海平面下降造成的长期暴露（平行）不整合；③由沉积建造与海平面波动引起的间歇性暴露而形成的同沉积期暴露不整合（沉积间断）；④多期构造运动叠加形成的多期（多类型）叠加不整合（图 2-9）。

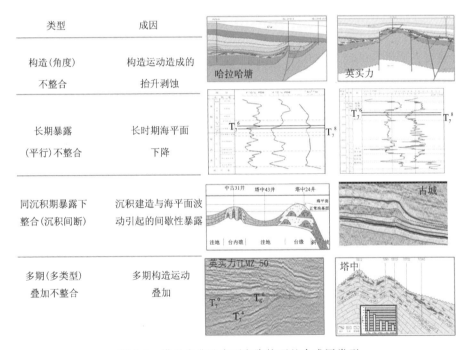

图 2-9 塔里木盆地中下奥陶统不整合成因类型

在中下奥陶统的不整合中，T_8^0、T_7^8、T_7^6 和 T_7^5 等Ⅲ级不整合多为同沉积期暴露不整合，T_7^4 等Ⅱ级不整合多为长期暴露（平行）不整合乃至构造（角度）不整合。同一个不整合在不同区域表现出的不整合性质可能不同，例如Ⅱ级不整合在隆起区多为构造不整合，在台地内多为平行不整合，在台地边缘区多为沉积期暴露不整合。

层序级别的划分是以客观物理标准来确定的,即各级层序界面是以不整合面或沉积间断面或与之相应的整合面为标志。因此,不同级序的层序界面对应了相应级别的不整合面。根据造就不整合的盆地构造运动的性质、作用强度和作用范围,以及相应的海平面的升降变化幅度大小等,可将塔里木盆地震旦系—古生界的不整合分为4级。其中Ⅲ级和Ⅳ级为低级序层序界面。

Ⅰ级不整合面:由大规模的构造运动或者海平面下降形成的暴露剥蚀面,其遭受暴露剥蚀可持续10~100Ma,Ⅰ级不整合面在盆地范围内广泛发育,可以造成1500~2000m厚的剥蚀量。

Ⅱ级不整合面:一般由海平面下降或局部的构造运动造成,其遭受暴露剥蚀时间为1~10Ma,Ⅱ级不整合面在盆地的不同区域具有不同的表现形式。

Ⅲ级不整合面:为大规模海退导致的区域性地层暴露,为海平面短期下降所形成(<1Ma),在局部隆起区具有角度不整合接触关系。

Ⅳ级不整合面:主要由沉积物供应速率变化和小的海(湖)面波动造成,为短周期海退—海进旋回转换面,局部地层遭受暴露与淋滤作用,显示为顶超前积,常构成高精度层序,在钻井地层中比较容易识别,多表现为地层叠加样式、沉积旋回和沉积相序的转换面,但不易在盆地内作区域对比。

本次研究在塔里木盆地塔北地区中下奥陶统碳酸盐岩层系中共识别出 T_8^0、T_7^{8-1}、T_7^8、T_7^{6-1}、T_7^6、T_7^{5-1}、T_7^5、T_7^4 等多个层序界面(图2-10)。其中,T_7^4 为Ⅱ级不整合面,T_8^0、T_7^8、T_7^6 和 T_7^5 等为Ⅲ级不整合面,T_7^{8-1}、T_7^{6-1} 和 T_7^{5-1} 等为Ⅳ级不整合面。

3)对岩溶储层的影响

根据需要,本次主要探讨Ⅲ级和Ⅳ级层序界面对岩溶的影响,主要体现在两个层面:一个是大规模的构造运动导致地层抬升,地层受风化、淋滤等作用的侵蚀形成岩溶(图2-11);另一个是小规模的海平面升降变化在很小范围内引起的岩性变化和短期暴露,它对岩溶的影响范围较小(图2-12)。

低级序层序界面对岩溶的影响主要表现在以下3个方面:①低级序层序界面形成过程中伴生的裂缝,提高了孔洞的连通性和渗透性;②低级序层序界面之上易形成溶蚀角砾岩;③低级序层序界面和古风化壳相伴生,进而促使古岩溶的发育。

二、三级层序界面表征

塔里木盆地在寒武纪—奥陶纪时期,经历了加里东运动(488.3~385.3Ma),盆地整体大规模的隆升和沉降,同时由于加里东运动的影响,在区带上造成小规模的地貌结构变化,形成了 T_8^0、T_7^8、T_7^6 和 T_7^5 等多个不整合面(图2-10)。

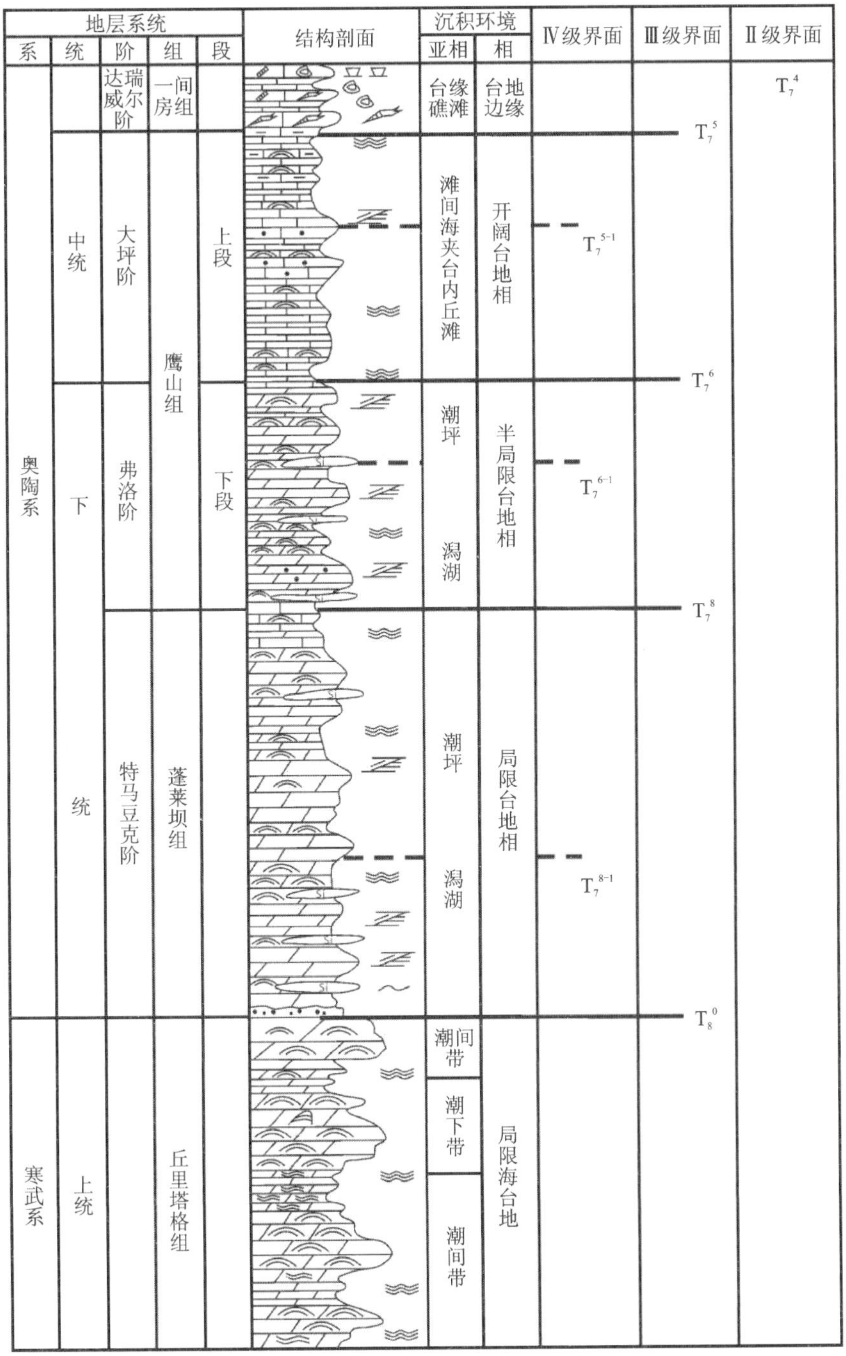

地层系统				结构剖面	沉积环境		Ⅳ级界面	Ⅲ级界面	Ⅱ级界面
系	统	阶	组	段		亚相	相			
奥陶系	中统	达瑞威尔阶	一间房组			台缘礁滩	台地边缘			T_7^4
		大坪阶	鹰山组	上段		滩间海夹台内丘滩	开阔台地相	T_7^{5-1}	T_7^5	
	下统	弗洛阶		下段		潮坪	半局限台地相	T_7^{6-1}	T_7^6	
						潟湖			T_7^8	
	下统	特马豆克阶	蓬莱坝组			潮坪	局限台地相	T_7^{8-1}		
						潟湖				
									T_8^0	
寒武系	上统		丘里塔格组			潮间带	局限海台地			
						潮下带				
						潮间带				

图 2-10 塔河地区奥陶系中下统主要层序界面发育序列

图2-11 柯坪地区水泥厂剖面寒武系顶界面（T_8^0）之下岩溶发育特征

图2-12 柯坪地区水泥厂剖面蓬莱坝组内部Ⅳ级层序界面之下岩溶发育特征

早寒武世—中奥陶世末，塔北地区发育T_7^5、T_7^6、T_7^8、T_8^0等多个不整合面，其中T_8^0可能为Ⅱ级层序界面。T_8^0界面之下寒武系整体表现为进积沉积特征，其上奥陶系变为加积沉积特征，T_8^0为较大的沉积叠加模式转换面。在水泥厂剖面上，T_8^0界面下发育（寒武统）丘里塔格组灰色细晶云岩，溶洞发育；界面之上发育下奥陶统蓬莱坝组浅白色藻黏结白云岩。T_7^8界面在野外表现为暴露风化面，可见厚约30cm的灰黄色泥岩发育；界面上下岩性、元素特征变化较大。T_7^6界面从主/微量元素以及碳同位素的测量上可以看出明显的异常，可能为短期暴露剥蚀面。T_7^5在水泥厂剖面处表现为淹没不整合，之下为鹰山组泥晶灰岩夹砂屑灰岩，之上为大湾沟组瘤状灰岩，反映了沉积环境由台地到斜坡的转变。

1. 寒武系顶界面（T_8^0）

1）野外露头

T_8^0 界面为寒武系与奥陶系之间的界面，在蓬莱坝、柯坪水泥厂、鹰山北坡和永安坝 4 个剖面均出露较好，易于观察识别。本次研究对界面上下约 50m 的范围进行了详细观察、采样分析等工作，为了更快速获得界面的元素变化信息，采用了野外现场元素枪和伽马测量仪等仪器。

通过伽马测量仪及元素枪，对 T_8^0 界面上下地层进行了 GR 值和元素数据测量（图 2-13）。柯坪水泥厂剖面处，T_8^0 界面之下厚约 7m 的地层表现为连续的高 GR 的特征，这和暴露风化、放射性元素富集相关。元素 Al、Fe、Ti 在界面之上厚约 15m 的地层连续富集，反映了海平面的下降具有继承性。在 T_8^0 界面之上由于灰岩成分的增多，元素 Mg 和 Ca 也表现为明显的负相关。鹰山北坡剖面：T_8^0 界面在该剖面和水泥厂剖面具有较好的一致性，同样表现为界面下为寒武系的细—中晶云岩，界面上为蓬莱坝组底部一套稳定的藻灰岩、藻云岩的特征。其中，界面下云岩晶间孔发育，未被充填。界面上藻灰岩为藻屑灰岩，亮晶方解石胶结，后期溶蚀孔缝发育（图 2-14）。

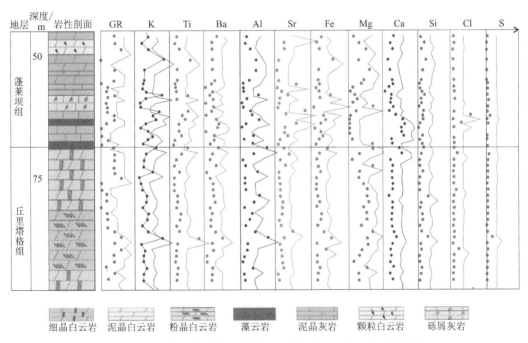

图 2-13 柯坪地区水泥厂剖面寒武系顶 T_8^0 界面上下元素特征

在鹰山北坡剖面上，T_8^0 界面处 GR 值及元素的变化特征为界面处 GR 值为极大值，代表陆源沉积的元素 Ti、Fe、Al 富集，Sr、Ba 出现极小值（图 2-15），元素 Fe、Al、Ti 都显示出了较长期的连续富集作用，推测不整合面为海平面下降引起的暴露不整合。

永安坝剖面：位于图木舒克永安坝水库附近，寒武系和奥陶系之间呈平行不整合接触，界面之下为丘里塔格组深灰色中层状细晶白云岩，界面之上为厚约 15m 的蓬莱坝组灰白色中厚

图 2-14 柯坪地区鹰山北坡剖面寒武系顶 T_8^0 界面野外及薄片特征

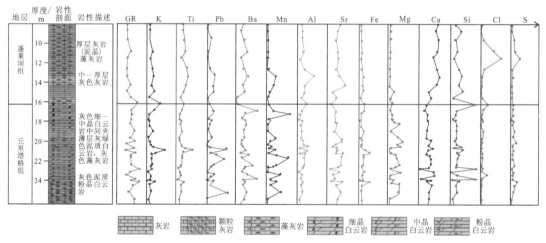

图 2-15 柯坪地区鹰山北坡剖面寒武系顶 T_8^0 界面上下元素特征

层藻灰岩，界线上下岩性变化明显，且与邻区剖面具有良好的可对比追踪的特征（图 2-16）。

在永安坝剖面上，T_8^0 界面处 GR 为极小值，分析原因可能是海平面迅速下降泥质含量较低，风化作用不明显或后期冲刷作用导致黏土生成少而新鲜面出露；元素 Al、Fe 相对富集出现极大值，可能是受陆源沉积作用控制，元素 Ba、Sr 为极小值，界面上下 Ca、Mg 值变化明显，代表着白云岩含量的变化（图 2-17）。

总的来说，T_8^0 界面在野外表现为平行不整合，局部表现为波状起伏接触，具有微角度不整合的特征。该界面上下岩性接触关系在区域上具有较好的稳定性，易于对比追踪。该界面

图 2-16　柯坪—巴楚地区永安坝剖面寒武系顶 T_8^0 界面野外露头特征

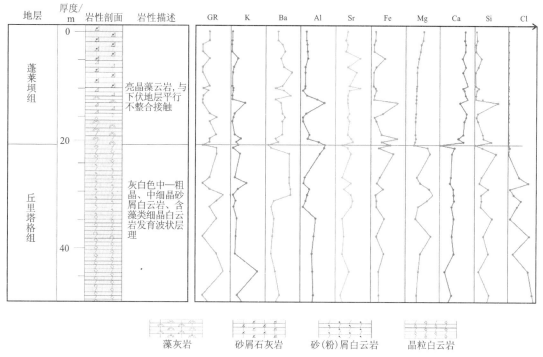

图 2-17　柯坪-巴楚地区永安坝剖面寒武系顶 T_8^0 界面上下元素变化特征

之上,也就是蓬莱坝组下部发育一套厚度为 2~15m 的灰白色中厚层状的藻灰岩,可以作为标志层。主微量元素在界面上下也表现出明显的变化。界面处 Al、Fe、Ti 等代表陆源的元素富集,元素 Sr、Ba、K 或出现极大值或极小值,跟不整合呈耦合关系,元素 Mg、Ca 含量的变化和岩性变化一致。GR 值表现出极大值(柯坪水泥厂剖面、鹰山北坡剖面)或极小值(永安坝剖面)的特征。当风化壳明显时,泥质含量增多,放射性增强,GR 值明显偏高,比如柯坪水泥厂剖面和鹰山北坡剖面。当风化壳不明显时,为短暂的暴露面,反映了高位体系域末期海平面的下降,缺少原始泥质的沉积,因此 GR 值又表现为明显偏低,比如永安坝剖面。这反映了该界面在柯坪地区南部的暴露强度明显弱于北部。

2)测井响应特征

塔北地区钻遇寒武系和奥陶系界面(T_8^0)的钻井有塔深1、塔深2两口井,界面上下均以发育白云岩为主,偶见灰岩夹层。单从岩性上很难区分该界面,但测井曲线在界面上下具有明显的变化。塔深1井:以井深6884m为界,GR曲线在界面之下20m表现为低值,界面之上整体表现为增大趋势,和声波时差(AC)曲线具有很好的相关性,反映了T_8^0界面之上岩性放射性增强,岩石速度减小的特征(图2-18)。浅、深侧向电阻率测井(RS、RD)曲线值在界面之上较大,界面之下明显降低。Th/K值、密度测井(DEN)曲线值在界面处变化不明显,但是在界面下20m处开始表现为波动异常的特征,反映了沉积环境的频繁变化。

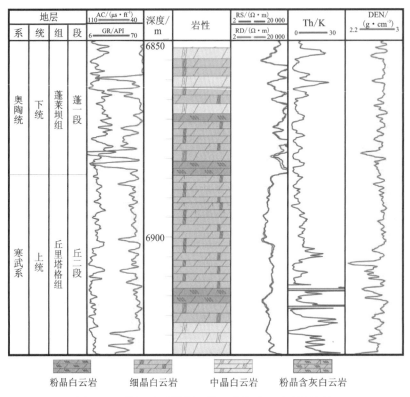

图2-18 塔河地区塔深1井 T_8^0 界面上下地层特征

3)地震响应特征

在塔北地区,寒武系顶界面(T_8^0)表现为2~3条强振幅的地震反射同相轴(图2-19)。局部具有明显的削截现象,界面之上为弱振幅反射,之下为强振幅连续反射。寒武系顶超、前积特征清楚,表明了台缘向盆地迁移的过程。加里东早期的构造活动造成局部地区抬升、隆升,遭受剥蚀,形成了该不整合面。

4)T_8^0界面结构构型

通过对塔北地区T_8^0界面之下30ms提取平均瞬时相位属性,结合地震相(图2-19),总结出T_8^0界面结构构型特征,可以看出该地区中部为微角度不整合接触,具有削截现象。西部为整合接触,地震同相轴连续,东部为近整合接触,反映了寒武纪末期,该地区经历了不同强度的构造活动。

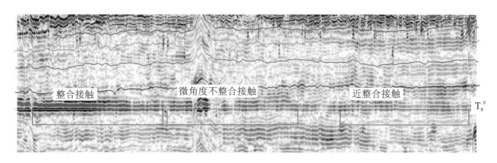

图 2-19　塔河地区寒武系顶面(T_8^0)不整合类型及展布

2. 下奥陶统蓬莱坝组顶界面(T_7^8)

T_7^8界面是下奥陶统蓬莱坝组和鹰山组分界,是一个区域性的不整合。在鹰山北坡、蓬莱坝、柯坪水泥厂等野外剖面上均具有良好的识别标志,界面上下为微角度不整合面接触。

1)野外露头特征

鹰山北坡剖面:T_7^8即鹰山组和其下伏蓬莱坝组的界线。在鹰山北坡剖面可以看到该界线清楚,界面之下岩性以灰红色中晶云岩为主,白云石多为中晶,少量细晶、粗晶,呈半自形、自形。白云石上可见星点状方解石,部分颗粒上吸附沥青质,溶洞发育(图2-20a、c)。界线上部以灰色颗粒灰岩为主,局部可见灰色亮晶内碎屑灰岩(图2-20b),不整合面附近的元素含量变化明显,活动性元素流失,惰性元素相对富集(图2-20d)。

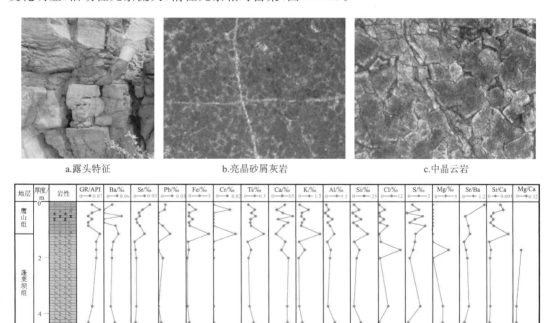

图 2-20　柯坪地区鹰山北坡剖面下奥陶统蓬莱坝组顶部(T_7^8)暴露剥蚀面特征

另外根据中国石油天然气集团有限公司资料,鹰山北坡剖面奥陶系鹰山组底部缺失牙形刺带:*Tripodus proteus*/ *Paltodus deltifer*带,估测该地区地层缺失约7.2Ma。

柯坪水泥厂剖面：T_7^8界面在该剖面表现为明显的"白蓬莱、黑鹰山"的界线特征。蓬莱坝组整体表现为两白夹一黑的特征，即下段发育浅灰色中层状细—中晶云岩，中段发育灰黑色中—厚层含灰云岩，上段发育浅灰色薄—中层砂屑灰岩夹云岩。鹰山组下部主要为深灰色中厚层砂屑灰岩(图2-21)。蓬莱坝组顶部地层风化后呈红褐色，存在厚约15cm的黏土风化壳。界面之上鹰山组主要为厚层块状灰岩，夹灰质白云岩，底部见海侵体系域初期的砾屑灰岩。黏土层表明了该地区发生过暴露、淋滤作用，是确定该不整合的直观证据。前人工作也证明了这一点，在柯坪水泥厂剖面下奥陶统蓬莱坝组与鹰山组之间缺失牙形刺 *Glyptoconus floweri* 带和 *Tripodus proteus-Paltodus deltifer* 带，估测蓬莱坝组顶部缺失约5.5Ma地层。

图2-21 柯坪地区水泥厂剖面蓬莱坝组顶T_7^8界面野外露头特征

蓬莱坝剖面：该剖面未见到水泥厂剖面观察到的古土壤层，但该界面上下地层呈微角度不整合接触(图2-22)。界面下部为下奥陶统蓬莱坝组浅灰色中厚层状白云岩，界面之上为鹰山组灰色薄层砂屑灰岩和细晶云岩互层。

在柯坪—巴楚地区，T_7^8不整合面表现明显，易于观察。上下呈平行不整合或低角度不整合接触关系，局部可见明显的古土壤存在。界面下部地层GR表现为极大值，但由于风化作用强弱的不同，GR可以表现为连续的高值段，也可以表现为局部的高值。同时，元素Al、Fe、Ti也相对富集。

2)T_7^8界面的钻(测)井响应特征

塔北地区钻遇T_7^8不整合界面的钻井有塔深2井、沙88井、塔深1井3口井。塔深1井T_7^8界面上下岩性接触关系为鹰山组黄灰色砂屑灰岩和蓬莱坝组细晶云岩接触，其特征主要表现为：①界面处高Th/K值，为暴露面的特征；②界面之上GR整体较高，电阻率较高，而界面之下均较低(图2-23)。

沙88井在该界面处表现为黄灰色泥晶灰岩与蓬莱坝组亮晶颗粒灰岩接触(图2-24)。由于岩性接触关系的不同，该界面附近的GR表现为相反的特征，界面上为低GR段，界面下为高GR段。电阻率变化曲线一致，均表现为界面上高值，界面下低值的特征。

图 2-22　柯坪地区蓬莱坝剖面蓬莱坝组顶 T_7^8 界面野外露头特征

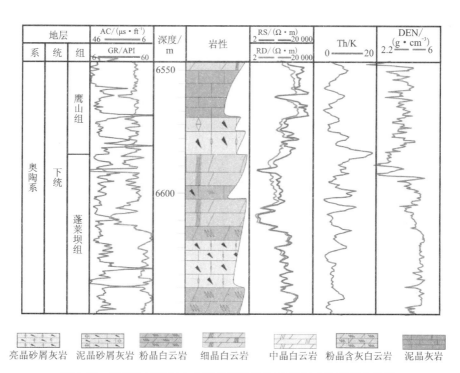

图 2-23　塔河地区塔深 1 井蓬莱坝组顶界面(T_7^8)上下地层柱状图

3）T_7^8 界面的地震响应特征

T_7^8 不整合界面在地震剖面上存在单轴连续中强反射和杂乱反射这两种反射,局部地区可见界面之下地层的削截及串珠的发育(图 2-25)。T_7^8 界面在不同地区的暴露程度及剥蚀强度不同,造成该界面在地震剖面上连续性和稳定性差异巨大。

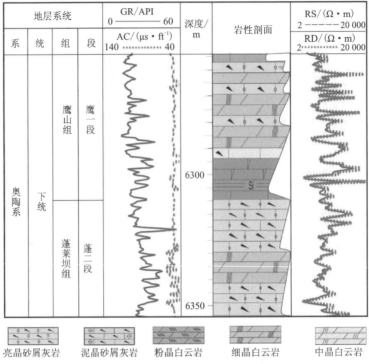

图 2-24 塔河地区沙 88 井蓬莱坝组顶界面(T_7^8)上下地层特征

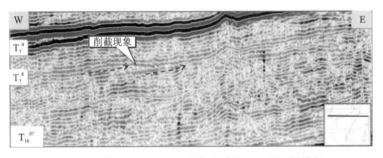

图 2-25 塔河地区 T1607 测线 T_7^8 界面地震反射特征

3. 中下奥陶统鹰山组内部界面(T_7^6)

1)野外露头、薄片特征

巴楚达板塔格剖面：鹰山组出露点位于巴楚县达板塔格永安坝水库东，其鹰山组出露完整且沉积厚度较大，可分为 2 段：上段为灰色—深灰色中薄层藻灰岩、泥晶灰岩夹灰色—浅灰色中层状粉细晶含藻白云岩，偶见灰黑色硅质岩薄层或条带，该段地层下部产牙形刺，为 *Paroistodus proteus* 带（或 *Serratognathus diversus* 带），对应下奥陶统玉山阶下部；下段为灰色—浅灰色中—薄层白云岩、藻灰岩夹砂屑灰岩（图 2-26），该段地层底部产小型角石 *Hopeioceras styliforme*，所产牙形刺包含两个组合（带），下为 *Scolopodus tarimensis* Fauna，上为 *Paroistodus* cf. *originalis* 带，依据本组生物组合，完全可与柯坪地区同名组段对比，属中奥陶统大湾阶。T_7^6 不整合面起伏不平，表现为岩相组合转换面，界面处为风化呈红色的薄层的藻砂屑云岩,顺层溶孔发育(图 2-26a,b,c)。T_7^6 界面之下地层呈现出明显的旋回性,单个旋回厚度 30~50cm,由下部的藻灰岩向上云质成分增多过渡为藻云岩(图 2-26①、②),整体为局限台地潮下藻席—潟湖环境。T_7^6 界面之上地层亦呈现出明显的旋回性,单个旋回厚度有所增大,且由下向上呈现出"藻灰岩-藻灰岩"或"藻灰岩-砂屑灰岩"的岩相组合样式(图 2-26③、④),在旋回上部可见砂屑灰岩,整体云质含量明显减少,为开阔台地潮坪沉积环境。

图 2-26　柯坪—巴楚地区达板塔格剖面鹰山组及 T_7^6 界面特征

蓬莱坝剖面:位于塔里木盆地西缘阿克苏地区,其鹰山组出露相对完整,顶部略有剥蚀,是研究塔里木盆地鹰山组海相沉积的典型剖面。蓬莱坝剖面 T_7^6 界面上下地层整合接触,界面起伏不明显(图 2-27a),为厚约 20cm 的浅红色薄层状钙泥质砂屑灰岩(图 2-27b)。薄片下可以观察到,粒间溶蚀发育且胶结物是灰黄色的方解石(图 2-28①),是风化暴露剥蚀、淋滤溶蚀的标志。T_7^6 界面之上主要为浅灰色中层块状藻黏结灰岩,顺层的溶洞沿高频旋回顶部发育(图 2-27c),泥晶藻灰岩具有窗格构造,窗格孔被方解石胶结充填(图 2-28②),泥晶灰岩常发育在米级旋回的底部(图 2-27c,图 2-28③),整体为开阔台地潮下低能藻席沉积。在 T_7^6 界面之下,多套浅黄色的含灰细晶云岩和深灰色砂屑灰岩互层分布(图 2-27d),深灰色砂屑灰岩具有楔形形态(图 2-27e、f),整体表现为局限台地潮间带夹风暴滩沉积。

图 2-27 柯坪地区蓬莱坝剖面鹰山组及 T_7^6 界面特征

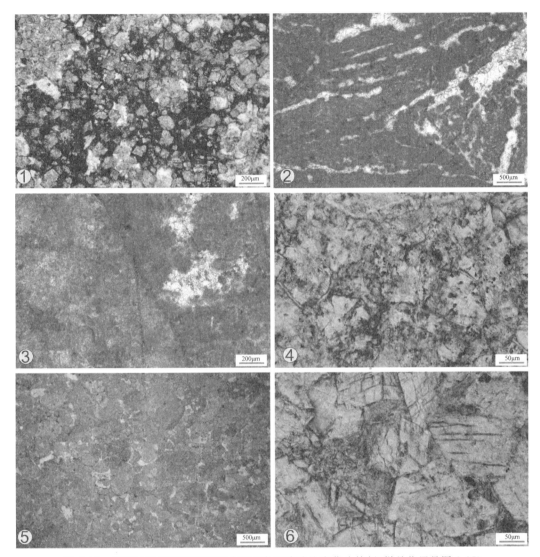

图 2-28 柯坪地区蓬莱坝剖面 T_7^6 界面附近碳酸盐岩薄片特征（样品位置见图 2-27）

大坂塔格剖面中，鹰山组上下段 $\delta^{13}C$ 为 $-4.2‰\sim-0.2‰$，整体表现为向上的正偏移（图 2-29），与塔河钻井碳同位素变化规律一致。微量元素：在大坂塔格剖面上，元素 Ba、K 含量在该界面处表现为明显的向上负偏的特征，Sr 含量向上增高。Fe 含量在界面之下具有增高的特征。主量元素 Ca 含量在该不整合界面之上明显增高，与岩性的变化有很好的对应关系。

对塔河钻井岩心进行微量元素测试，T_7^6 界面上下元素特征主要分为两类：①向上增大型，如 Sr/Ba、U/TH、Sr/Cu；②向上降低型，如 V/V+Ni、REE、LREE/HREE（图 2-30），反映出海平面的升高，沉积环境由局限环境转变为开阔环境。

2）测井响应

通过对塔河油田塔深 2、沙 88 和塔深 1 三口井常规测井对比（图 2-31），可知以 T_7^6 为界，GR 测井曲线表现出明显的参差不齐、波动较大的特征，反映了云岩、灰岩互层的特征。该界面之上 GR 测井曲线表现为平稳偏低的特征,表现为大套稳定灰岩的沉积。该界面 GR 测井响应稳定,易于追踪对比。

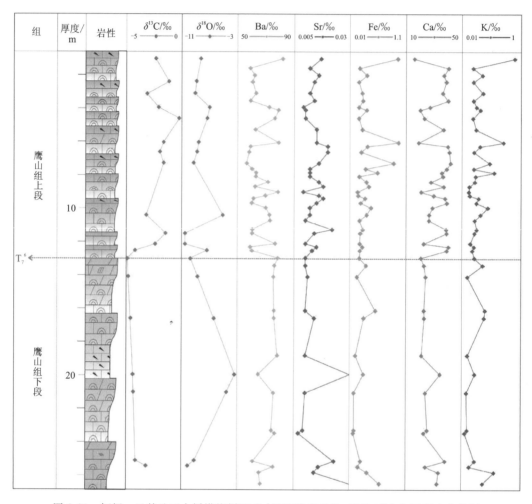

图 2-29　柯坪—巴楚地区大坂塔格剖面 T_7^6 界面附近岩性、$\delta^{13}C$、$\delta^{18}O$ 和元素变化特征

3) 地震反射特征

地震剖面不整合的识别主要依据地震反射的终止形式,但在碳酸盐岩层系低级别不整合面处,难以见到削截、上超、顶超等反射终止现象。从 Trace 3105 地震剖面可以看到(图 2-32):T_7^6 不整合界面上下地震反射特征差异明显,界面之上为强振幅断续反射,界面之下为中—强振幅连续反射。剖面可见两套"串珠"状强反射,分别发育在 T_7^4 和 T_7^6 不整合界面之下。这些串珠状反射被解释为与不整合面相关的岩溶洞穴。

4) 不整合的沉积响应

柯坪地区和巴楚地区在寒武纪—早中奥陶世的沉积构造背景相似,从中晚奥陶世开始,才出现构造分异、差异演化的特点。柯坪—巴楚地区鹰山组沉积地层由南向北沿达板塔格剖面和蓬莱坝剖面,厚度呈明显减小趋势(图 2-33)。前人研究认为鹰山组沉积时期达板塔格剖面属于台地相区,而蓬莱坝剖面属于缓坡相区,沉积背景的差异造成 T_7^6 界面在多个剖面上具有不同的表现形式。塔北地区和柯坪地区的达坂塔格剖面具有相似的沉积背景,以 T_7^6 为界,下部为云岩、灰岩互层的沉积特征,向上变为大套的灰岩,反映了由局限台地到开阔台地的沉积转换。水泥厂剖面、蓬莱坝剖面上,T_7^6 界面下以发育多套砂屑灰岩、砾屑灰岩互层为特征。界面上为大套藻灰岩,鹰山组的厚度具有明显减薄趋势,反映了沉积环境由台地到盆地方向的转换。其中达坂塔格剖面、蓬莱坝剖面界面处可见紫红色风化壳,水泥厂剖面可能由于水体较深,为连续沉积。

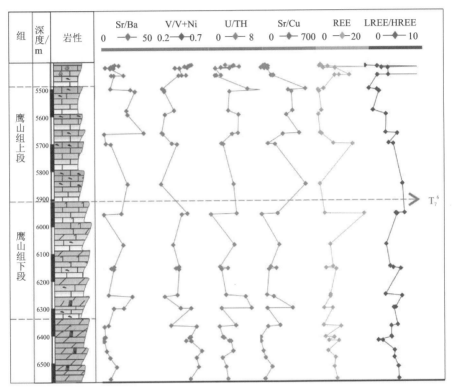

图 2-30　塔河地区鹰山组 T_7^6 界面附近岩性和微量元素变化特征

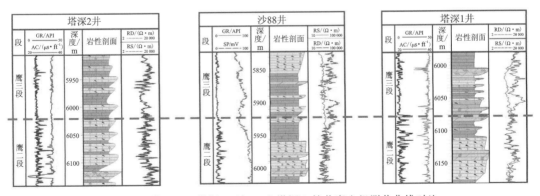

图 2-31　塔河地区塔深 2、沙 88 和塔深 1 钻井鹰山组测井曲线对比

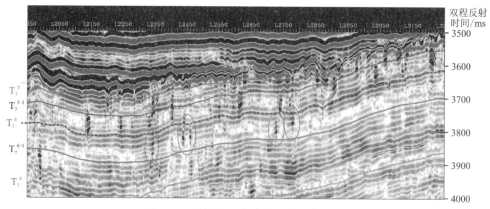

图 2-32 塔河地区奥陶系地震反射剖面

5) T_7^6 界面结构构型

塔北地区鹰山组下段顶面（T_7^6）不整合构造活动相对较弱。通过提取塔北地区 T_7^6 界面之下 30ms 平均瞬时相位属性，结合地震相图（图 2-34），本次研究总结出 T_7^6 界面结构构型特征。T_7^6 界面在西部局部地区具有整合接触的特征，地震同相轴连续；中部地区微角度不整合接触，具有小幅度的削截现象；东部表现为近整合接触关系。

4. 中下奥陶统鹰山组顶界面（T_7^5）

该界面为中奥陶统鹰山组和一间房组的界线，对于该界面的性质目前存有争议。柯坪水泥厂剖面鹰山组之上直接覆盖大湾沟组瘤状灰岩，因此认为该界面为非暴露的淹没不整合。

1) T_7^5 界面的野外特征

淹没不整合最早由 Schalager 提出，主要发育于碳酸盐台地，水体突然加深，致使相对海平面上升速度超过了碳酸盐岩沉积速度。鹰山组的顶界即为典型的淹没不整合，界面平整连续，其上发育中奥陶统大湾沟组瘤状灰岩，下部发育灰色亮晶砂屑灰岩（图 2-35a）。薄片显示，大湾沟组下部发育泥晶生物屑灰岩，鹰山组上部可见亮晶砂屑灰岩（图 2-35b、c）。GR 在界面处为低值，向上逐渐变高。元素无明显异常变化（图 2-35d），代表了沉积环境水体逐渐变化的过程。

2) T_7^5 界面的主微量元素响应特征

对柯坪水泥厂剖面 T_7^5 界面上下进行主微量元素连续测量，其结果与典型的暴露剥蚀不整合特征不同（图 2-35）。Al、Ti 和 Fe 等物源指标在该界面处并无富集的特征，较平稳，无明显暴露的特征。其中盐度指标，如 Cl、K 和 MgO/Al_2O_3 均在界面下 2m 处出现了极大值。古水深指标 Sr/Ba 值（随相对海平面加深而增大）也表明了该界面处水体的加深。

3) T_7^5 界面的地震响应特征

T_7^5 界面在地震上表现为中—强轴单轴反射特征。塔河油田主体区由于断裂发育，部分地区出现杂乱发射，不易追踪。界面上下反射形态发生较大转变，界面下多为空白弱反射，界面上多为连续强反射。界面下局部可见串珠状反射特征。塔河主体区北部地区由于受到后期的抬升剥蚀，T_7^5 界面与 T_7^4 界面重合，形成不整合叠合面，表现为削截形态（图 2-36）。在沙

88井附近,由于后期构造活动,该界面被剥蚀而无法观察。而在南部地区,鹰山组和一间房组连续沉积,呈整合接触,但可见到上部和下部串珠反射终止于该界面,局部可见到串珠反射穿过该界面的特征。

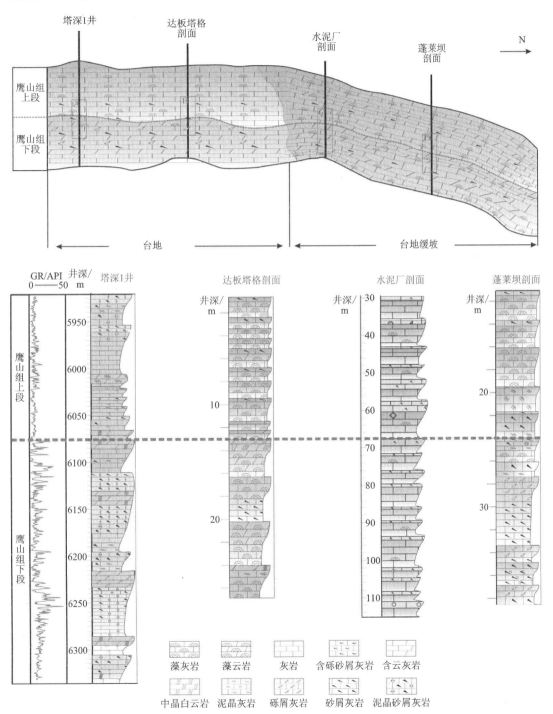

图 2-33 塔河、柯坪地区鹰山组内 T_7^6 界面岩性结构展布图

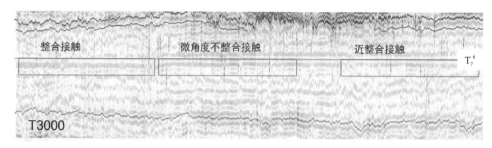

图 2-34 塔河地区鹰山组下段顶面（T_7^6）不整合类型及展布图

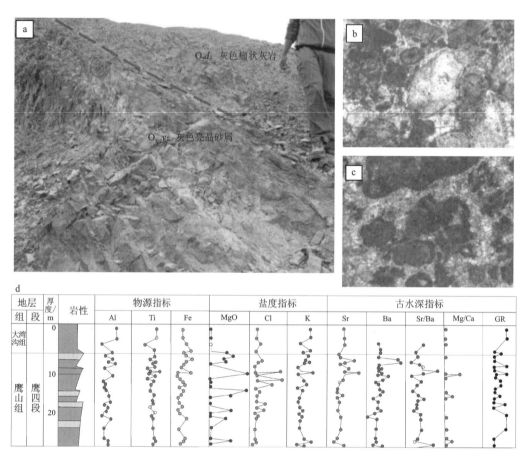

图 2-35 柯坪地区水泥厂剖面中下奥陶统鹰山组顶 T_7^5 淹没不整合特征

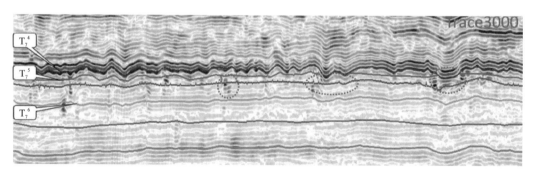

图 2-36 塔河地区鹰山组顶 T_7^5 界面地震反射特征

三、四级层序界面特征

相对于三级层序界面,四级层序界面为短周期海退-海进旋回转换面,局部地层遭受暴露与淋滤作用。

1. 下奥陶统蓬莱坝组内部界面(T_7^{8-1})

T_7^{8-1}界面位于蓬莱坝组内部,局部地区发育风化壳,以水泥厂剖面最为典型(图2-37)。水泥厂剖面上,T_7^{8-1}界面处发育厚约15cm的浅黄色风化壳层,之下为浅灰色中层状砂屑灰岩和细晶云岩。T_7^{8-1}界面在塔里木盆地玉北地区较为明显。玉北5井显示下奥陶统蓬莱坝组主要为一套灰色、浅灰色细粉晶云岩。暴露标志包括钙结壳、渗流豆石、碴状层和溶洞等。暴露标志的存在表明该地区在蓬莱坝组沉积时期有一定规模的海平面下降,对该地区储层形成的影响较大。

图2-37 柯坪地区水泥厂剖面蓬莱坝组内部风化壳

2. 中下奥陶统鹰山组下段内部界面(T_7^{6-1})

T_7^{6-1}界面为是鹰山组一段和鹰山组二段的分界,仅在局部地区可能存在短时间暴露。在水泥厂剖面上,T_7^{6-1}界面之下发育多套灰色泥晶灰岩—浅灰色颗粒灰岩的组合,每个组合为一个米级旋回,组合样式为进积模式;上部水体加深,发育灰色泥晶灰岩和颗粒灰岩的组合,颜色明显深于下部地层,表现为退积模式(图2-38)。

该沉积转换面附近可以看到,代表陆源的元素Al、Ti、Fe等含量向上明显减少,代表盐度的元素同样减少,代表向上水体加深。

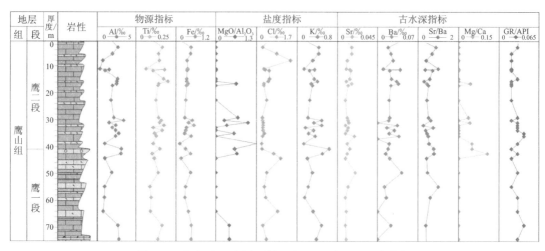

图 2-38 柯坪地区水泥厂剖面鹰一段、鹰二段元素特征

3. 中下奥陶统鹰山组上段内部界面(T_7^{5-1})

T_7^{5-1}为鹰三段与鹰四段的分界面,是米级旋回叠加样式的转换面,并无明显的暴露剥蚀特征,识别起来难度较大,主要表现为界面之下鹰山组三段为进积沉积,界面之上鹰山组四段为退积沉积。以水泥厂剖面为例(图2-39),鹰山组三段厚约21.7m,岩性以泥晶灰岩、砂屑灰岩为主,上部发育藻灰岩;鹰山组三段内部可识别出4个准层序,从下往上4个准层序表现为进积叠加样式。鹰山组四段厚24m,岩性以泥晶灰岩、砂屑灰岩为主,在鹰山组四段同样识别出4个准层序,早期2个准层序表现为退积叠加样式。鹰山组四段顶部为鹰山组与大湾沟组分界面T_7^5。另外,通过对鹰山组三段、鹰山组四段分界面T_7^{5-1}处的主微量元素和GR测量,发现T_7^{5-1}界面处元素Al、Fe、Ti出现明显富集,表现为极大值,GR表现为极小值。

图 2-39 柯坪地区水泥厂剖面鹰山组三段、四段分界面T_7^{5-1}的野外照片及薄片特征

4. 海泛面发育特征

海泛面及其相关的沉积是划分海侵体系域和高水位体系域的重要标志。海泛面发育时，沉积凝缩段主要表现为沉积速率缓慢的厚度较薄的深水沉积。这在浅水碳酸盐岩台地中海泛面的识别是相对有难度的。本次研究主要从野外露头、钻井岩心、测井曲线等方面，结合层序界面的分析，确定了蓬莱坝组上段 MFS1、鹰山组二段 MFS2 和鹰山组三段 MFS3 共 3 期的海泛面。

MFS1：蓬莱坝组岩性可以分为两段，下段为细晶、泥晶云岩夹砂屑灰岩，上段为大段灰岩夹云岩。MFS1 位于上段，局部表现为泥质条带发育的特征，如塔深 2 井蓬莱坝组取心第一回次灰色泥晶白云岩，可见一条 0.4cm 泥质条带，发育水平层理（图 2-40）。

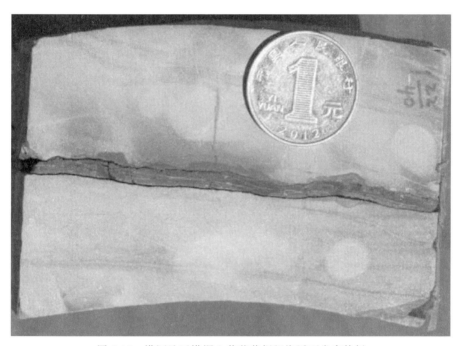

图 2-40　塔河地区塔深 2 井蓬莱坝组海泛面发育特征

MFS1 在塔河钻井和柯坪露头上均可见，在水泥厂剖面上为薄层灰质泥岩，在塔深 2 井和沙 88 井中表现为厚层泥晶灰岩。MFS2 位于鹰山组下部的鹰二段，为一套泥晶灰岩，在研究区内稳定分布。MFS3 位于鹰山组上部的鹰三段，也是一套厚度稳定的泥晶灰岩。该套泥晶灰岩厚度较大，在塔深 2 井和沙 88 井中，均为厚 20m 左右的泥晶灰岩，在塔深 1 井为泥晶灰岩和泥粒灰岩互层，泥晶灰岩单层最大厚度超过 20m，总厚度达 50m。MFS3 是鹰山组内部发育的一套相对稳定、广泛分布的海泛面。

第三章 构造特征描述

含油气构造是油气田勘探与开发的重要研究对象,对于已发现的油气田而言,深入的构造研究可为油藏评价、储量计算、开发设计及动态分析等提供重要的地质依据。

在油气田开发阶段,获取的资料更为丰富,除已有的地震资料和钻井资料外,新增了大量的开发井资料(测井资料和动态资料),因此,构造研究的主要任务是在勘探阶段构造研究的基础上,应用新增资料,进一步深化对地下构造的认识,包括断层的精细描述(分级断层的分布状态、延伸距离、断层要素、断层封闭性等)及圈闭精细描述(构造类型、形态、倾角、闭合高度、闭合面积等)。构造研究应综合多种资料(地震、钻井及动态资料)进行研究,鉴于篇幅有限,本章重点介绍应用井资料的构造研究方法。

第一节 断层研究

断层不仅影响着油气运聚,而且影响着油田开发过程中地下油水运动。因此,断层研究对油气田的勘探与开发均具有十分重要的意义。

我国许多油田的断层十分发育,有的井可能钻遇几条断层,油田地下构造可能被几条断层纵横切割成若干"断块"。为了有效勘探和合理开发这种断块油藏,就必须弄清断层性质、延伸状况、形成时期及其对流体的封闭情况。

一、井下断层的识别

钻井过程中有可能钻遇断层,那如何进行识别呢?实际上断裂活动将引起一系列地层与构造变化,也将改变油气层的埋藏条件,引起流体性质和压力的变异,利用与断层共存的各种标志就有助于判断地下断层的存在。

1. 井下地层的重复与缺失

将单井综合解释的地层剖面与该区的综合柱状剖面对比,可以确定该井剖面地层的重复或缺失,以及同层厚度的急剧增厚或减薄。在地层倾角小于断层面倾角的情况下,钻遇正断层出现地层缺失,钻遇逆断层地层重复,如图3-1所示。反之,在断面倾角小于地层倾角且断面倾向与地层倾向一致的情况下,穿过正断层地层重复,穿过逆断层则地层缺失。当井下断层的性质确定后,还应进一步确定断点井深及断距大小。图3-2中乙井是正常剖面,甲井剖面中的 D_1、D_2、E、F 地层重复,表明它钻遇了逆断层,断点在第一次出现的 F 层底界,井深为

851m。两次出现的F层底界之差为重复地层钻厚(878－851＝27m)。如果是铅直井,此厚度就是地层铅直断距。正断层断点确定方法与此相同,缺失层段的起始点即为断点。对于铅直井,缺失层段的厚度为垂直断距,亦称断层落差。

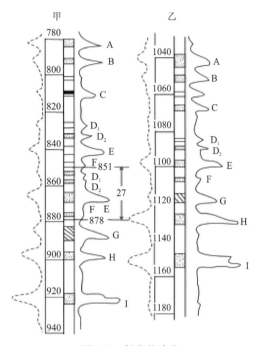

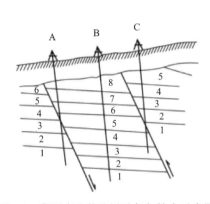

图 3-1 断层产生的地层重复与缺失示意图

图 3-2 断点的确定

倒转背斜也可造成地层重复,那如何区分正断层与倒转背斜所造成的地层重复？从图3-3可以发现,钻遇倒转背斜时,地层层序是由新到老,再由老到新,反序重复。钻遇逆断层则是由新到老,再由新到老,正序重复。据此,二者是不难区别的。

此外,还必须注意区分不整合面上地层超覆造成的地层缺失。在新探区,仅凭一口井的地层缺失来判断是正断层还是不整合面是困难的,但在研究区域地层剖面后是不难区别的。断层仅在钻遇它的部分井中出现地层缺失,而不整合面具有区域性,更多的井中都出现地层缺失,而且它们缺失地

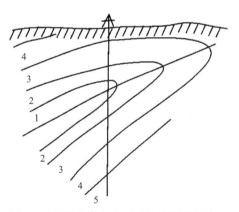

图 3-3 倒转背斜在井剖面上的地层重复

层的层序是不同的。正断层造成的地层缺失,当与断层面的走向不一致时,缺失地层有规律的变化,而不整合造成的地层缺失的多少和新老由剥蚀程度决定。比如,钻遇同一正断层各井地层层序如表3-1所示。显然,1井地层正常,2~4井分别缺失 A_2、B_2、C_2 地层,缺失层位逐渐变新,钻遇缺失地层的井深也是逐渐变浅,这表明是正断层造成的结果。这里应注意,若沿断层面的走向打井,各井缺失的地层会是相同的。与此相反,当钻井过程中各井钻遇如表 3-2所示地层层序时,可以判断井下有不整合存在。

表 3-1　钻遇同一正断层各井的地层层序

1井	2井	3井	4井
E	E	E	E
D	D	D	D
C_2	C_2	C_2	C_1
C_1	C_1	C_1	B_2
B_2	B_2	B_1	B_1
B_1	B_1	A_2	A_2
A_2	A_1	A_1	A_1
A_1			

表 3-2　钻遇不整合面各井的地层层序

1井	2井	3井	4井
E	E	E	E
D	D	D	D
C	B	A	B
B	A		A
A			

此例中，各井中都存在 E、D 层，1 井地层正常，2 井缺失 C 层，3 井缺失 B 和 C 层，4 井缺失 C 层。可见各井缺失地层除 C 层外，还有更老的 B 层，这是强烈剥蚀所致，而 D 层分别覆盖于剥蚀面之上，即在一定范围内，剥蚀面上沉积了同一岩层，这是钻遇不整合的可靠依据。

2. 在短距离内同层厚度突变

地层部分重复或缺失造成的同层厚度突变（图 3-4），可以通过地层的细分对比把这种小断层判断出来。

3. 在近距离内标准层海拔高程相差悬殊

断层从井间通过造成的高程差如图 3-5 所示，它可能是单斜挠曲造成的，这就必须参考其他资料综合区别。

4. 石油性质的变异

由于断层的切割，同一油层成为互不连通的断块，各断块中的油气是在不同地球化学条件下聚集并保存起来的，因而石油性质出现明显差异，如图 3-6 所示。同一油层的相对密度曲线、含胶量和含蜡量曲线在断层两侧有明显的变异。

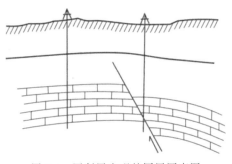

图 3-4 因断层出现的同层厚度图

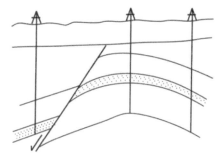

图 3-5 因断层引起的标准层标高异常示意图

5. 折算压力和油水界面的差异

断层的切割作用使其两侧的油层处于不同深度,互不连通,各自形成独立的压力系统。在同一压力系统中,压力互相传导直到平衡,各井油层的折算压力相等。而在不同压力系统中,其折算压力完全不同(图 3-7)。同理,油水界面的高程在断层两侧也是完全不同的。

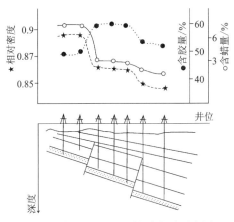

图 3-6 断层引起石油性质变异示意图

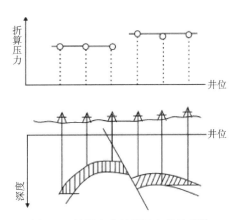

图 3-7 断层造成折算压力差示意图

6. 断层在地层倾斜测井矢量图上的特征

断裂作用使断层上下盘的地层产状发生变化,在倾斜矢量图上表现出明显的差异。构造力使岩石破裂,在断层面附近形成破碎带,在倾斜矢量图上呈现杂乱模式或空白带。由于构造应力的作用,通常在断层附近发生牵引现象,使局部地层变陡或变缓,这种畸变带在倾斜矢量图上表现为红模式(局部地层变陡)或蓝模式(局部地层变缓)。根据倾斜矢量图的变异特征,可以比较准确地确定断点位置、断层走向及断面产状(图 3-8)。

利用地层倾斜矢量图判断断层的最大优点是直观,仅一口井资料便可以作断层产状预测。然而,应用地层倾斜测井资料判断断层具多解性,应结合其他测井曲线和地质资料进行综合分析。

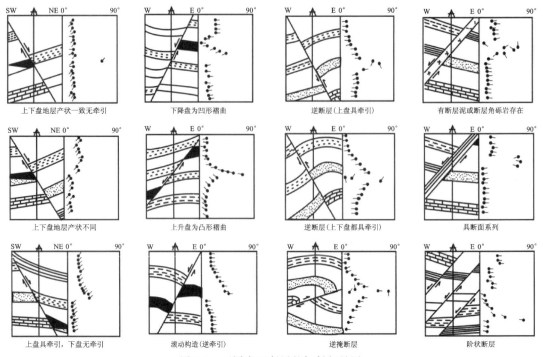

图 3-8　不同类型断层的倾斜矢量图

二、断点组合

在单井剖面上确定了断点,只能说明钻遇了断层,还不能确切掌握整条断层的特征。在多断层地区,几口井都钻遇了几个断点,哪些断点属于同一条断层?几条断层之间的关系如何?这些都需要对断点进行研究,把属于同一条断层的各个断点联系起来,全面研究整条断层的特征,这项工作称为断点组合。

1. 断点组合的一般原则

在组合井间断点时,应遵循如下基本的原则:①各井钻遇的同一条断层的断点,其断层性质应该一致,断层面产状和铅直断距大体一致或有规律地变化;②组合起来的断层,同一盘的地层厚度不能出现突然变化;③断点附近的地层界线,其升降幅度与铅直断距要基本符合,各井钻遇的断缺层位应大体一致或有规律地变化;④断层两盘的地层产状要符合构造变化的总趋势。

2. 断点组合方法

断点组合的首要原则是将性质相同的断点组合起来,不同性质的断点自然就分开了。某种性质的断层往往是区域性分布的,如大庆、胜利油田地区主要是正断层,四川地区主要是逆断层。同一性质的断点往往分属于不同的断层。因此,断点组合应按组合的原则进行。

1)作构造剖面图组合断点

断裂切割作用把完整构造分割成许多断块,在每个断块内(即断面的一侧)各地层界面的高低关系是相对的,厚度是稳定的或渐变的。而不同断块(即断面两侧)的同一地层界面的高低和厚度可能是变化的,根据这些特征就能够把同一条断层的各个断点组合起来。

2)作断面等值线图组合断点

断层面等值线图可以表现一条断层的倾向、倾角、走向及分布范围。同一断层的这些要素在它的分布范围内是渐变的,其断面等值线也是有规律地分布的。不同的断层,其断面等值线的变化趋势则是不同的。

因此,为了区分复杂区同井钻遇的多个断点,可以在远离复杂区的单断点区先编制断面等值线图,在获得该断层的基本要素后,再由已知的走向、倾向、倾角、落差等,逐渐向复杂区延伸,把多断点区分开来,进而作出各条断层的断面等值线图(图3-9)。

3)综合分析

在地下构造复杂的地区,井下断点多,断点组合往往具多解性,需综合分析各项资料,相互验证,选出较合理的断点组合方案。首先

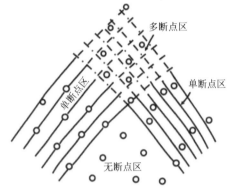

图3-9 利用断面等值线组合断点示意图

将断面等值线图、构造剖面图和构造草图互相验证,同时参考地震资料所提供的断层解释方案与区域构造特征和分布模式,若有矛盾,查明原因,调整断点组合方案,直到前述各项原则与各种构造图件互相吻合为止。同时,还应尽量利用地层流体性质,油、气、水分布关系和压力恢复曲线特征来验证所组合成的断层。

三、断面构造图的编制与应用

断面构造图又称断层面等高线图,它是以等高线表示断层面起伏形态的图件。编制断面构造图需要各井属同一断层的断点标高和井位坐标。作图一般用三角网法,有时也可用剖面法。断面构造图与油层构造等值线图重叠,把相同数值的等高线的交点连接起来,即得到构造图上断层线的位置(图3-10)。在有地震断层解释的情况下,可以综合井下断点与地震断层解释编制断面构造图。

断面构造图可以直观、形象地反映地下断层的产状要素及其变化,以及断层延伸范围(长度和深度)和断层对地层的切割关系。

断面构造图上绘制的两条断层线(断层面与上下盘含油层系顶界面的交线)能够清楚地反映出整个油层顶面被断开的具体位置和水平距离。

总之,编制断面构造图不仅可以从整体上研究一条断层的特征和规模,还可以检查断点组合是否正确,尤其重要的是可以指导在断层附近合理地部署开发井。

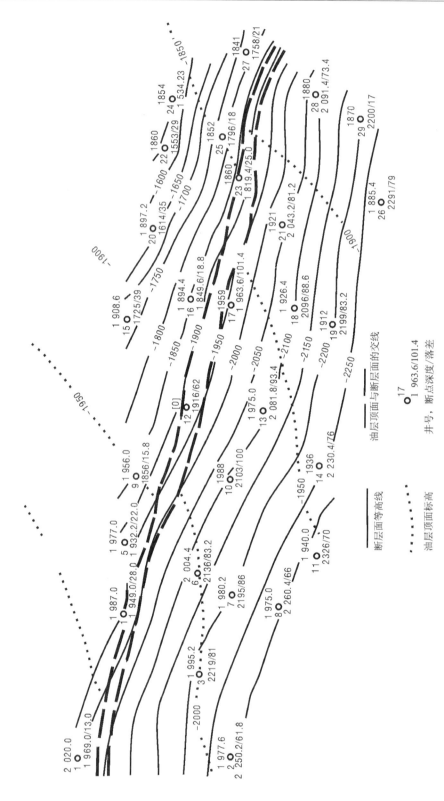

图3-10 编制断层图面图及油层顶面与断层面交线示意图

四、断层形成时期和发育历史的研究

断层形成的相对时期是根据被它切割的地层、岩体的时代关系来确定的。断层总是形成于被错断的最新一套地层时代之后。这种方法对于确定一次性断裂活动所形成的断层是适用的,但对同生断层就显得太粗略了。

同生断层是沉积盆地发育过程中边断裂、边沉降、边沉积形成的。这种断层在我国东部油区特别发育,虽然它的成因是多方面的,但其共同特征为断层下降盘的地层厚度明显增大,落差一般随深度增加而增大。

同生断层的活动可根据断层两侧同层厚度的变化来分析,若断层两侧同层厚度发生明显变化,表明断层在该层沉积时期是活动的。地层沉积期间断层的垂直位移(古落差)大约等于断层两侧的地层厚度之差。同生断层的活动强度通常用"生长指数"来表征,即

$$\text{生长指数} = \frac{\text{下降盘地层厚度}}{\text{上升盘地层厚度}} \tag{3-1}$$

生长指数小于或等于 1 时,表明断层停止活动,或无断裂活动;生长指数大于 1 时,表明断层发生或有断裂活动。生长指数越大,断裂活动越强烈。

对同生断层发育史的研究应从一条断层开始。在横切同一条断层的各个剖面上,统计出各个时期的生长指数,由于断层的位置不同,开始断裂的层位及活动强度(生长指数的出现和大小)是不同的。通常一条大断层的发展具有方向性,是多次活动形成的。这就是说,它是在受应力最大的部位开始破裂,然后逐渐延伸,随着应力的减小,开始断裂的层位变新,生长指数变小,直到逐渐消失。

五、断层封闭性的研究

断层对油气具有双重作用,一是能阻挡油气运移,形成油气圈闭,它是油气藏的天然边界;二是成为油气运移的通道,或注水开发时的流水通道。同一条断层即使在它形成的早期是开启性的,在其后期由于上覆地层的压实或其他作用,可以转化为封闭性。因此,研究断层的封闭性,无论是在理论上还是在油气勘探与开发的实践中都是十分重要的。

1. 断面两侧的岩性条件

断面两侧的岩性条件是断层具封闭性的基础。断层两侧若为渗透性与非渗透性岩层相接触,通常认为是封闭性的。但要注意,沿断层延伸方向断面两侧渗透层与非渗透层的接触关系是变化的,因此在断层的不同位置,其封闭差异很大。

2. 断层的力学性质

从力学性质来分析,通常认为张性断裂易造成开启性断层,压扭性断裂易造成封闭性断层。但随埋深的增加张性断裂的封闭性会发生变化。在断层面上,上覆地层必将有一个垂直于断层面的分力。这个分力与静水柱压力之差就是对断层面裂缝的压应力 p,其表达式为

$$p = \frac{H(\rho_r - \rho_w)}{100}\cos\theta \qquad (3\text{-}2)$$

式中：p 为断层裂缝所承受的压应力，MPa；H 为断点井深，m；ρ_r 为岩石密度，g/cm³；ρ_w 为地层水的密度，g/cm³；θ 为断面倾角，(°)。

如果裂缝壁的强度抗拒不了这个压应力，断面裂缝必将合拢，并逐渐形成封闭。假设 ρ_r = 2.25g/cm³，ρ_w = 1.03g/cm³，当断点井深为 1000m 时，断面倾角为 45°～60°，由式(3-2)算得 p 为 6.10～8.54MPa。当断点井深为 2000m 时，若其他参数值同前，则 p 为 12.20～17.08MPa。沙河街组泥岩的抗压强度为 2.0MPa，砂岩的抗压强度为 6.0～7.0MPa。由此可见，在 1000～2000m 井深处的断面所承受的压应力，远远大于岩石的强度。从地质力学观点来分析，即使断面承受的压应力小于岩石强度，在漫长的地质年代里，时间因素也会使岩石发生蠕变现象。因此，长期处于静止状态下断距较小的断层，一般多是封闭性的。

3. 断层两盘的声波测井信息

根据有关的研究表明，不同力学性质的断层，在它形成的过程中，将伴生相应的构造岩，各种构造岩与原岩间的成分、结构等有明显的差异，这会导致它们的地球物理信息必然也有明显的区别。因此，声波测井信息可以用来鉴别断层的位置、断层力学性质和断层落差。

声波在岩石中传播的速度随岩石密度、弹性模量的增加而增大；随孔隙度的增大和裂隙的发育而减小；随压应力增大而增大，随张应力加大和岩石中缝洞的发育而减小。同时代、同岩性的岩石声波传播速度或时差的大小能够反映岩石内部结构、物性差异等。

在压扭性断层中，构造岩具有岩石致密、坚硬、孔洞不发育，以及含水性和渗透性较差的特点，且常常重结晶或形成新的变质矿物，外来物质相对较少，破碎物质多具定向排列，岩石主要为压碎岩、糜棱岩、压扁岩等，声波传播速度比原岩相对较快，衰减相对较慢。张性断层的构造岩多为疏松的角砾岩，张裂带裂隙发育，渗透性好，声波在其中传播多出现反射、折射、绕射和散射等现象，能量衰减快，声速比同岩性非构造岩低，时差则相对增加。

露头区构造岩或覆盖区构造岩研究以及模拟实验，均表明不同力学性质的构造岩其声波测井信息存在明显的区别。

1) 封闭性断层测井信息的特征

封闭性断层多为挤压应力形成，断裂带构造岩致密且坚硬，缝洞不发育，碎屑物沿走向排列，多为单项介质。对胜利和中原等油田断层的研究表明，绝大多数的封闭性断层，断裂带构造岩无论是砂岩或泥岩，声波时差的变化平均值均小于两盘同时代、同深度、同岩性的非构造岩 2 倍以上，变化幅度大于正常压实趋势值 3 倍以上，曲线形态偏离正常压实趋势线，向减小方向呈现不同曲率的弧形段或呈台阶式急剧减小，并来回跳跃(图 3-11)，异常比多小于 1。声波时差异常的变化幅度、异常范围与断层倾角和落差、断层形成时间和断点埋深有关。一般来说，断层落差和倾角大、形成时间早，埋藏较深，断裂带时差异常幅度大，则异常井段长。反之，则异常幅度和异常范围都相对较小。

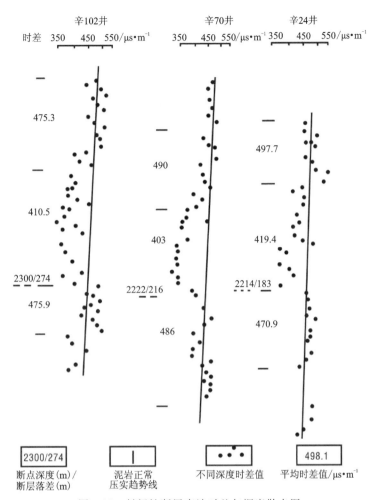

图 3-11 封闭性断层声波时差与深度散点图

2)开启性断层的测井信息特征

开启性断层,多为张应力形成,断裂带构造岩疏松,缝洞极为发育,常为多项介质。研究表明,开启性断层断裂带,声波时差与深度的散点图明显偏离正常压实趋势线,向增加方向呈不同曲率的弧形段(图3-12),异常比大于1,其他特征与封闭性断层相反。

综上所述,应用声波在构造岩中传播速度的变化来鉴定覆盖区断层的封闭性和开启性,在理论上是正确的,在实践上是可行的。声波在岩石中的传播速度受很多因素的影响,在应用上述方法鉴定断层的封闭性和开启性时,必须与其他地质和地球物理方法配合使用,排除干扰,才能得出正确的结论。

4. 断层两盘的流体性质及分布

断层的封闭性应受到动态资料的检验。断层两盘流体性质的差异,油水界面高度的悬殊,是断层封闭的重要标志。例如,下辽河地区兴隆台油田 42 断块与马 7 断块为一条断层所隔,但 2 个断块沙一下油层的原油性质完全不同(表3-3),说明该断层是封闭的。

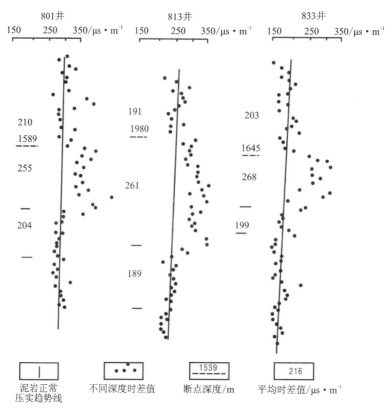

图 3-12　开启性断层声波时差与深度散点图

表 3-3　相邻断块同油层原油性质、油水界面比较表

断块名称	代表井	相对密度	黏度(50°)/mPa·s	凝固点/℃	含蜡量/%	油水界面海拔/m
兴42块	兴42井	0.8979	24.33	−28	5.46	−2050
马7块	马7井	0.8468	6.54	24	15.07	−2300

5. 钻井过程中的显示

在正常钻井过程中,钻遇断层若发现钻井液漏失、井涌及油气显示等现象,以及岩心有断层角砾岩,岩屑中存在次生方解石,石英含量增高,钻时减少等现象,预示钻遇的断层多为开启性的,否则为封闭性断层。例如,渤海湾地区很多井都钻遇了正断层,有的井钻遇正断层多达6～7条,但多数井未发现断点处有井漏、井涌及油气显示等现象,一般都认为断层是封闭的,并得到证实。

6. 断层活动时期与油气聚集期的关系

通常认为,在油气聚集期已经停止活动的断层具有封闭性,在主要油气聚集期之后产生并继续活动的断层,多为油气运移的通道,具纵向开启性。许多次生浅层油气藏就是沿断层向上二次运移的结果。

同生断层常常具有良好的封闭性,这是因为沉积和断裂同时发生,断裂活动使尚未压实固结的半塑性状态的泥质层沿断面或破裂带发生塑性流动,在断面处形成不渗透的天然屏障。

7. 井间干扰

还可在油田的开发过程中,利用断层两侧的生产井进行开井、关井,观察其产量与压力变化,是否出现井间压力干扰现象,用以判断断层的封闭性。

第二节 油气田地质剖面图的编制

油气田地质剖面图是沿油气田某一方向切开的垂直断面图,它可以反映油气田的地下构造,即地层的产状变化、接触关系及断裂情况,即构造剖面图;可以反映地层岩性、物性及厚度的横向变化,即储层剖面图;也可直观地表示油、气、水在地下的分布状况,以及油气藏在地下的空间位置,即油藏剖面图。因此,它是一种油气田地质研究中的重要图件。

根据剖面图与构造轴向的关系,可将其分为横剖面图及纵剖面图,其中,剖面线与油气田构造长轴相垂直的剖面图叫横剖面图,而剖面线平行于油气田构造长轴的剖面图叫纵剖面图。除此之外,根据某些地质研究的需要,也可沿特定方向作剖面图。

在油气田的勘探阶段或开发初期,由于钻井较少,地下构造剖面图的编制往往以地震构造解释为基础,以钻井、测井资料为依据。到开发阶段,特别是进入开发的中、晚期,由于井网密度增大,井距较小,此时编制构造剖面图可以实钻资料为主,地震构造解释为辅。

一、资料的准备和比例尺的选择

根据钻井资料编制油气田地质剖面图,需要准备下列各项资料与数据:①井位图;②井口海拔数据(一般为转盘补心海拔);③各井分层厚度数据和岩性、接触关系资料;④各井含油、气井段数据;⑤各井断层数据,包括断点位置、断层落差、断失层位。此外,还要参考地震构造图和剖面图,同时对这些资料进行整理与审查,以确保准确无误。

在编制油气田地质剖面图之前,还要确定合适的作图比例尺。通常,油气田地质剖面图的比例尺应当与油气田地质图、构造图的比例尺一致。特殊情况下也可以放大一些。为了避免歪曲地层产状和构造形态,油气田地质剖面图通常采用相同的垂直与水平比例尺。如果地层倾角很小,为了使构造醒目,也可使垂直比例尺适当地大于水平比例尺。

二、剖面位置的选择

为了解剖油气田构造,在编制剖面图之前通常还要在井位图上选定合适的剖面方向和位置。其要求如下:①剖面线应尽可能垂直或平行于地层走向,以便真实地反映地下构造,否则,剖面上反映出来的仅仅是地层的视倾角和视厚度;②剖面线应尽量穿过更多的井,以便提高剖面的可靠程度;③剖面线应尽量均匀分布于油田构造上,以便全面了解油气田地下构造特征。

此外，为达到某些特殊目的，对剖面方向和位置应作特殊安排。比如，为了反映断裂带或轴向倒转部位，剖面线可安排穿过这些部位。

三、井位投影与井斜投影

1. 井位投影

虽然已尽量把剖面线选择得合理一些，但有时仍会出现部分井不在剖面线上的情况，这些井分散于剖面线附近。为了提高剖面的精度、充分利用剖面线附近的井资料，就需要科学地将这些井投影到剖面线上去，这项工作就叫井位投影。

如图 3-13 所示，井位投影有两种情况。第一种情况：当剖面线垂直或斜交地层走向时，位于剖面附近的 2 井、3 井，应当沿着地层走向线（等高线）方向投影到剖面线上（图 3-13a）。投影前后井位标高不变，能正确反映地下构造形态（图 3-13c）。如果把 2 井、3 井垂直投影到剖面线上（图 3-13b），则 2 井、3 井的高程被歪曲，导致错误的"断层"结论（图 3-13d）。

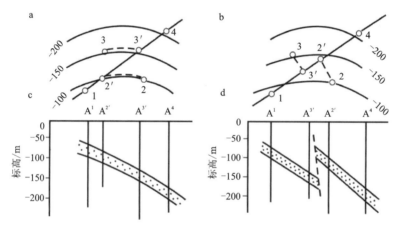

图 3-13 井位投影示意图

第二种情况：当剖面与地层走向平行，井点不能沿地层走向投影时。剖面线附近的井不得不沿地层倾向投影到剖面线上（图 3-14）。这时制图标准层的标高发生了变化，因此，需要进行标高校正。校正公式为

$$x = L\tan\theta \tag{3-3}$$

式中：x 为投影后的标高校正值；L 为投影前后井位间的距离；θ 为地层倾角。

如图 3-14a 所示，2 井沿地层下倾方向投影到剖面线上 2′ 位置（图 3-14b），则 2′ 井位置的地层标高为

$$h' = h + x \tag{3-4}$$

相反，当 3 井沿地层上倾方向投影到剖面线上 3′ 位置（图 3-14c）时，则 3′ 井位置的地层标高为

$$h' = h - x \tag{3-5}$$

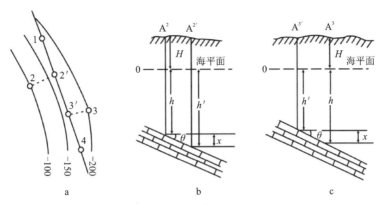

图 3-14　海拔标高校正示意图

2. 井斜投影

如果井是铅直的,经过上述准备就可以作剖面图了。但是,由于地层软硬的差别、倾角的变化及钻井技术等原因,井轴往往在空间上是弯曲的。这种弯曲井称为自然弯曲井。有时为了某种特殊需要,如钻探裂缝发育带,钻探海底油田,钻探地面有湖泊、河流、沼泽或重要建筑物的油田,都需要人为地向某一方向钻井,这称为人工定向井。若将斜井当成直井来作剖面图,就会歪曲地下构造形态。如图 3-15a 所示,井斜方向与地层倾向一致。若把斜井当直井处理,A 点就错误地画到了 B 点,地层的实际埋藏深度被夸大,导致地层倾角变小,甚至倾向倒转。图 3-15b 中井斜方向与地层倾向相反,若把斜井当直井处理,A 点被歪曲到 B 点,把地层的实际埋藏深度点缩小了,导致地层倾角变大。因此,用作剖面图的斜井都必须进行井斜投影。

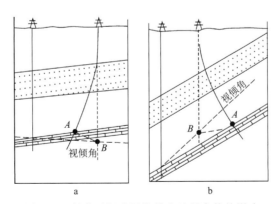

图 3-15　斜井对标准层海拔和地层产状的影响

钻井过程中,每口井一般都要进行井斜测量,提供井斜段(L)、井斜角(δ)和井斜方位角(β)三个变量的一系列数据。

井斜投影的实质是将斜井的井身沿地层走向投影到剖面上去(图 3-16)。

井斜投影的主要任务是求得空间井段沿地层走向投影到剖面上的井斜角(δ')和井斜段长度(L')。完成这项任务的方法有计算法和作图法。

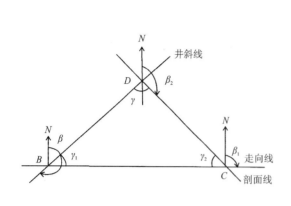 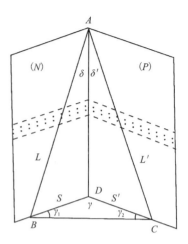

图 3-16 井斜投影示意图

1) 计算法

如图 3-16 所示，δ 为井斜角；δ' 为投影到剖面上的井斜角；β 为井斜方位角；β_1 为地层走向方位角；β_2 为剖面线方位角；L 为斜井段长度；L' 为投影到剖面上的斜井段长度；S 为 L 段水平投影；S' 为 L' 段水平投影；γ 为剖面方向与井斜方向间的夹角；γ_1 为地层走向与井斜方向间的夹角；γ_2 为地层走向与剖面方向间的夹角。

在 △ABD 中，$\overline{BD}=S=\overline{AD}\tan\delta$；在 △ACD 中，$\overline{CD}=S'=\overline{AD}\tan\delta'$；所以，有

$$\frac{S}{S'}=\frac{\tan\delta}{\tan\delta'} \tag{3-6}$$

在 △BDC 中

$$\frac{S}{S'}=\frac{\sin\gamma_2}{\sin\gamma_1} \tag{3-7}$$

所以有

$$\frac{\tan\delta}{\tan\delta'}=\frac{\sin\gamma_2}{\sin\gamma_1}$$

$$\begin{cases} \tan\delta'=\tan\delta \cdot \dfrac{\sin\gamma_1}{\sin\gamma_2} \\ \delta'=\arctan\left(\tan\delta \cdot \dfrac{\sin\gamma_1}{\sin\gamma_2}\right) \end{cases} \tag{3-8}$$

在 △ABD 中

$$\overline{AD}=L\cos\delta \tag{3-9}$$

在 △ACD 中

$$L'=\frac{AD}{\cos\delta'}=L\frac{\cos\delta}{\cos\delta'} \tag{3-10}$$

当剖面方向垂直于地层走向时，即 $\gamma_2=90°$ 时，则 $\sin\gamma_2=1$，$\sin\gamma_1=\cos\gamma$，所以式(3-8) 可简化为

$$\begin{cases} \tan\delta'=\tan\delta \cdot \cos\gamma \\ \delta'=\arctan(\tan\delta \cdot \cos\gamma) \end{cases} \tag{3-11}$$

求得 δ' 和 L' 后,便可以在剖面上画出该井斜段来。

2) 作图法

如图 3-17 所示,δ' 和 L' 的求取方法如下。

① 利用井斜资料求井斜段的垂直投影 H 和水平投影 S:

$$\begin{cases} H = L \cdot \cos\delta \\ S = L \cdot \sin\delta \end{cases} \tag{3-12}$$

② 把剖面 DM 置于水平位置,以 D 作井位点,过 D 作井斜方向线,并在其上取 $\overline{DB} = S$;

③ 过 B 点作地层走向线与剖面线 DM 相交于 C 点,过 C 点作 $\overline{CA'} \perp \overline{DM}$,取 $\overline{CA'} = H = \overline{DA}$;

④ 连接 $\overline{DA'}$,即为该井斜段在剖面的投影长度 L',$\angle ADA'$ 就是投影到剖面上的井斜角 δ'。

以上讨论的仅是一个直线斜井段的投影方法,在此基础上就可分段进行整个弯井井身的投影。整个斜井可以看成是由许多直线井斜段组成,从井口起连续、依次地作出各个井斜段在剖面上的投影就可以把整个斜井井身投影到剖面上,如图 3-18 所示。

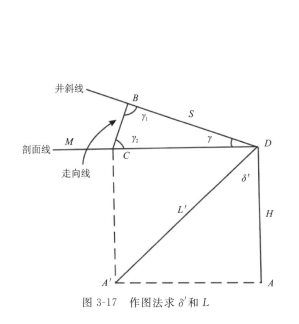

图 3-17 作图法求 δ' 和 L 图 3-18 用作图法将斜井井身投影到平面上

简要作图步骤如下:引任意水平线作为剖面线位置,在它的上面找一任意点作为井点(井口)位置。由井点起,作第一井斜段的井斜方位线,在其上取相应的水平投影 S_1;从 S_1 的端点起作第二井斜段井斜方位线,在其上取相应的水平投影 S_2,依此类推,首尾相接,作出各个井斜段的水平投影;分别通过各水平投影的端点作地层走向线,分别与剖面线相交;过各个交点作铅直虚线,分别取其相应井斜段的铅直投影长度;连接各铅直投影端点,便得到投影到剖面上的斜井井身;井轴所钻遇的各个地层界面、含油气井段、断点位置都可用同样办法投影到剖面上。

四、油气田地质剖面图的基本绘制方法

钻井资料经过整理和校正后,参考地震构造解释结果,便可以绘制油气田地质剖面图了,基本步骤如下。

(1)把选定的剖面线按规定的比例尺画在绘图纸上的适当位置,并标出海拔零线。

(2)正确地把井位点标绘在剖面线上。根据各井的井口海拔标高,参照地形图,描绘出沿剖面线的地形线。

(3)根据井斜资料,把投影后的井身画在剖面上,并标明地层界线、标准层、断点等。

(4)将各井相同层的顶、底界面连成平滑曲线(图 3-19),把同属于一个断层的各个断点连成断层线。

(5)在连线过程中,应充分考虑地震构造解释所揭示的地层起伏与断层情况。最后,标注各项绘图要素,包括图名、比例尺、剖面方向、制图日期、制图单位和制图人。

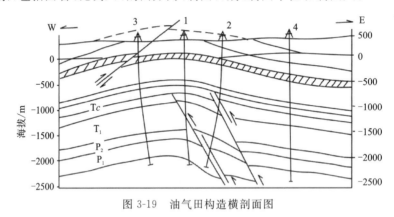

图 3-19 油气田构造横剖面图

在构造剖面图基础上,标绘储层及其物性的纵横向变化则为储层剖面图;只画油层部分的储层剖面图称为油层剖面图,表现油层空间变化的图称为油层栅状图。在构造剖面图上标绘油藏流体分布后,则成为油藏剖面图,它全面表现油气田地下构造、地层及含油气情况。

地质剖面图在油田上的应用十分广泛。首先,通过绘制构造剖面图组合断层可以恢复油气田地下构造。其次,可以解剖油气藏(油气层)的岩性、物性、含油性、厚度等在纵横向的变化。剖面图也是探井、开发井设计及油田动态分析的基础图件。

第三节 油气田构造图的编制

油气田构造图是表示地下油层构造形态的等高线图,它能清楚地反映油气田地下构造特征,如构造类型、轴向、高点位置、两翼地层的陡缓、构造的倾没和闭合情况,以及断层的性质和分布情况。

构造图是研究油气藏流体分布的重要基础,是油气田勘探开发中新井设计、储量计算、开发方案设计和调整,以及开发过程中动态分析的重要图件。

一、编制油田地下构造图的准备工作

1. 选择制图目的层

编制构造图实质上是以等高线来描绘地层界面的空间起伏特征。制图目的层的选择应视研究目的而定。在油藏评价阶段,一般编绘油组顶面构造图即可,在开发阶段,可编绘各小层顶面的构造图,甚至在开发后期需要编制砂体顶、底面的构造图(即微构造图)。除了侵蚀突起油藏或生物礁块油藏,一般不选择不整合面和冲刷面为制图目的层。

制图中,通常把海平面作为制图基准面,海平面的高程作为零,其上为正,其下为负。

2. 井斜校正

井斜产生了两方面的影响,一是井位的水平位移,二是斜井井深大于它的铅直井深。如不进行校正,势必造成地下构造形态的严重歪曲。因此,在编制油气田构造图时,必须进行井斜校正,以消除上述两方面的影响。井斜校正的主要任务是求取斜井钻达制图目的层顶界面(或底界面)的地下井位和铅直井深。

1) 地下井位的计算

如图3-20所示,一个井斜段的水平位移是具有长度和方向的矢量,设为 $\vec{S}$,它在直角坐标 X 轴上的投影为 x,在 Y 轴上的投影为 y,则有

$$\begin{cases} y = S \cdot \cos\beta = L \cdot \sin\delta \cdot \cos\beta \\ x = S \cdot \sin\beta = L \cdot \sin\delta \cdot \sin\beta \end{cases} \quad (3-13)$$

式中:β 为斜井段水平投影与 Y 轴的夹角;其他参数同前。

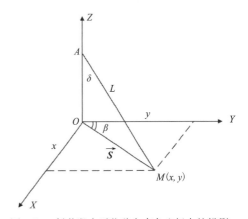

图3-20 斜井段水平位移在直角坐标中的投影

若求斜井轨迹上任一地下井位的总水平位移 $\sum S$(仍是矢量),可根据投影原理将各井斜段(从井口开始)的水平位移进行矢量相加,即多个矢量的和在坐标轴上的投影,等于各个矢量在该轴上投影的和,即

$$\begin{cases} X_1 + X_2 + \cdots + X_n = \sum_{i=1}^{n} X_i \\ Y_1 + Y_2 + \cdots + Y_n = \sum_{i=1}^{n} Y_i \end{cases} \quad (3-14)$$

由高斯定理求斜井的总水平位移:

$$\sum S = \sqrt{\left(\sum X\right)^2 + \left(\sum Y\right)^2} \quad (3-15)$$

由三角关系求斜井总水平位移的方位角:

$$\beta = \text{arc}\left(\tan\frac{\sum X}{\sum Y}\right) \tag{3-16}$$

求得斜井的总水平位移 $\sum S$ 及其方位角 β，就可以根据井口位置确定该井在制图目的层上的井位(图 3-21)，即根据地面井位图作出地下井位图。

2) 铅直井深的计算

铅直井深亦称为真垂深，即 TVD(true vertical depth)。对于斜井而言，一个井斜段的铅直投影为

$$\overline{AO} = L\cos\delta \tag{3-17}$$

若求斜井轨迹上任一地下井位的铅直井深，可将各井斜段(从井口开始)的铅直投影进行相加。如图 3-22 中 2 井情况，铅直井深为

$$h' = L_0 + L_1\cos\delta_1 + L_2\cos\delta_2 + \cdots + L_n\cos\delta_n \tag{3-18}$$

3) 计算制图目的层的海拔

对于铅直井，补心海拔(k)减去制图目的层顶(或底)界面井深(h')，就得到制图目的层顶(或底)界面的海拔，即 $h = k - h'$，如图 3-22 中 1 井情况。

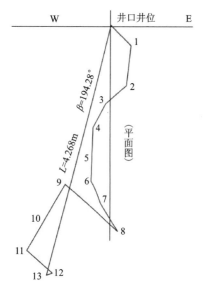

图 3-21 求斜井水平位移距离和方位

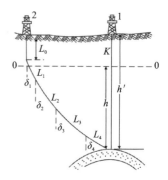

图 3-22 计算制图目的层海拔

对于斜井，制图目的层顶(或底)界面的海拔则为

$$h = k - h' = k - (L_0 + L_1\cos\delta_1 + L_2\cos\delta_2 + \cdots + L_n\cos\delta_n) \tag{3-19}$$

式中：$L_1, L_2, \cdots, L_n$ 分别为各个斜井段长度；$\delta_1, \delta_2, \cdots, \delta_n$ 分别为对应的各斜井段的井斜角。

二、绘制构造图的基本方法

绘制构造图的方法有三种：地震构造图的深度校正法、井间插值法及剖面法。

1. 地震构造图的深度校正法

在一个勘探程度不高、钻井不多的地区或在老探区勘探深部油气藏时，主要通过地震资料进行构造解释。在层位标定的基础上，按地震波的同相性、振幅能量及波形的相似形，对工区的各条地震测线剖面进行追踪对比；然后，作出工区制图层的等 T_0 图，最后根据地震速度谱资料，进行时深转换，编制反射层顶或底面的构造图。以此为基础，应用钻井分层资料对地震构造图进行深度校正，以绘制构造图。深度校正常采用等差值法，具体做法如下。

（1）经过井斜、井位校正，将井点投影到地震构造图上。

（2）计算各井点的地震深度和实际（钻井）深度的差值，并标在井位旁。

（3）按内插法勾绘等差值曲线。如果区域大，就分析等差值曲线的变化趋势，分区选出适当的深度校正差值，分别对各区地震深度进行校正。如果区域小，就对等差值曲线与地震构造等高线的交点逐一校正。交会点的高程为地震高程减去差值，代表校正后的制图目的层高程。

（4）按校正后的高程勾绘等高线，即得到经过钻井深度校正后的构造图。

图 3-23 是经校正后的构造图，与原地震构造图比较，高点稍向东移。

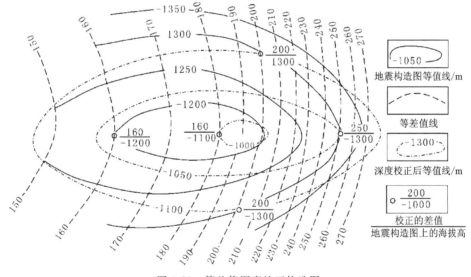

图 3-23　等差值深度校正构造图

如果地震剖面上有井点，可直接校正剖面深度，或者通过井点在地震构造图上切剖面，进行剖面深度校正。利用校正后的剖面绘制构造图，适用于复杂的狭长构造，其精度较高。

2. 井间插值法

当钻井较多时，编绘构造图往往以地震构造图为参考，主要应用钻井资料进行井间插值，一般采用三角网法进行编制。在校正后的井位图上，把各井的制图目的层顶（或底）界面海拔高程标在相应的井位旁，并将井点联成三角形网状系统；然后，在三角形两顶点之间进行内插，连接等高程各点作成构造图。此法又称为内插法。

勾绘等高线的原则是：①等高线从高部位井点到低部位井点间内插穿过，在构造两翼、断层两盘之间，等高线不能横穿；②等高线一般彼此不能相交，倒转背斜及逆断层例外，但下盘被隐蔽部分一般不画出来或以虚线表示，以免混淆；③当地层面近于直立时，等高线重合。

当构造条件比较复杂，井点资料又较多时，应在编制构造图之前，仔细分析构造剖面图，弄清构造特点，正确组合断点，并预先在井位图上标明断层线和断层产状，以免在使用内插法时出现错误。

内插法适用于比较平缓、保存完整的构造，它是油田上广泛使用的编绘构造图的方法。目前，已有专业的地质绘图软件，可在计算机上自动形成构造图（图 3-24）。

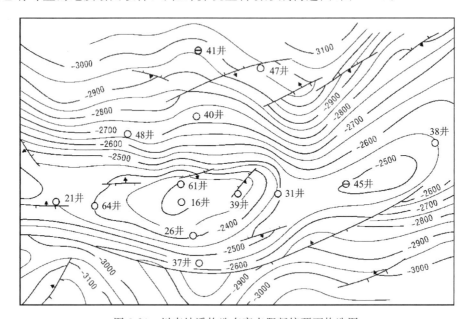

图 3-24　川南纳溪构造东高点阳新统顶面构造图

3. 剖面法

剖面法绘制构造图，适用于地层倾角陡、被断层复杂化的构造。当油田构造属于狭长背斜，钻井剖面往往与褶皱走向垂直，井剖面之间距离较远，这时常用制图目的层的一系列平行横剖面（或加一条纵剖面）来绘制构造图。剖面图是由钻井资料（有时参考地震剖面）事先编制的。

如图 3-25 所示，构造图上的等高线可看成一组等间距的水平面与该制图目的层的交线。因此，当利用构造纵、横剖面图绘制构造图时，首先应在剖面上按选定的等高距作平行于海平面的若干平行线（图 3-25a），把这些平行线与制图标准层的交点垂直投影到水平基线上，并注明各投影点的海拔高程。各个剖面都进行这样的投影，然后将各剖面水平基线上的投影点移动到井位图上相应的剖面线上，再把同翼相同高程的各点连成平滑曲线，绘成如图 3-25b 所示的倒转构造图，其东翼倒转部分的等高线以虚线表示。

对于断层带构造，若剖面方向垂直断层走向，剖面上目的层与断层面的交点也按上述方

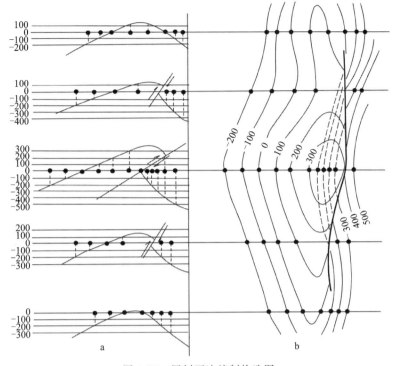

图 3-25 用剖面法编制构造图

法投影到水平基线上。然后,将断层上、下盘与制图目的层交点的投影分别连接起来,便得到表示同一条断层的两条断层线。当断层垂直时,这两条断层线才合二为一。在断层消失的地方,同一条断层的两条断层线才相交,在图 3-26 中,1 号断层向北消失,2 号断层向南消失。

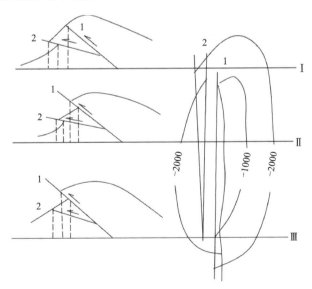

图 3-26 构造图上断层线的绘制

画好断层线之后,再画等高线。把各剖面上制图目的层最大高程点连接起来,便得到背斜的轴线。轴线上等高线穿过的位置,根据相邻两个最大高程点间内插来确定。

断层两盘的某些等高线,当不能从一个剖面延续到另一个剖面时,必须要与断层线相交。等高线与断层线相交的具体位置,可由同一盘相邻两剖面间制图目的层与断层的交点间内插而定。

逆断层或逆掩断层下盘被覆盖部分的等高线以虚线表示。

对于横剖面无法控制的横断层或斜断层,一般采用断面等高线与构造等高线交切法来绘制断层线,如图 3-27 所示。断层线和等高线作完后,应对图件进行审校,把等高线的外形轮廓修平滑,但不能违背实际资料。

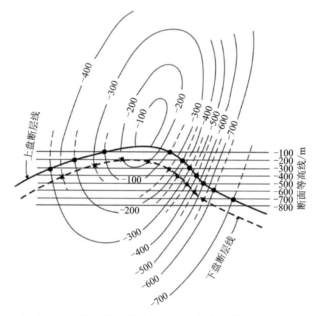

图 3-27 用断面等高线和构造等高线绘制断层线示意图

地下构造图是反映油气田构造的基本图件,它能清楚反映油气田地下构造特征,如构造类型、轴向、高点位置、两翼地层的陡缓、构造的倾没和闭合情况,以及断层的性质及分布等。此外,地下构造图在研究油藏类型、勘探开发井位部署、圈定含油(气)边界、计算含油(气)面积,以及制订开发方案(如为切割注水、腰部注水或边界注水)、动态分析等方面,具有广泛的用途。

在油气田开发阶段,还可编绘砂体顶、底面的构造图。这类构造图称为微构造图。微构造实质上反映的是在构造背景基础上沉积砂体的外部几何形态,其成因主要与砂体的沉积作用过程和沉积条件以及差异压实作用有关。油层微构造对地下油(气)水运动规律、剩余油分布以及对油水井生产均有较大的影响。

第四节 塔北地区构造特征

在岩溶储层的形成过程中,构造作用起到了十分重要而又复杂的影响,其中断裂系统对于岩溶储层的发育最为重要。研究区内奥陶系碳酸盐岩储层中的断裂及裂缝既可以作为岩溶流体和油气的储层空间,又是连通储层中孔、洞、缝的重要通道,对于一间房组储层的形成起到了关键性的作用。哈拉哈塘地区在以往的研究中长期以来一直被认为是一个生烃凹陷,未发育或发育较差的储层,但近年来,哈拉哈塘地区不断有大油田被发现,因此对其重新进行了地质构造解释。目前的研究认为其属于轮南低凸起的西部斜坡带,但对研究区的断裂系统以及裂缝、岩溶储层的发育之间的关系认识不够清楚。本章将对研究区奥陶系一间房组碳酸盐岩储层中发育的主干断裂特征进行解剖,包括断裂期次、断裂级次、剖面构造样式等,并将与构造有关的储层裂缝分期与断裂相匹配,以此说明断裂系统对储层形成的影响。

一、断裂特征

基于目前的认识,哈拉哈塘地区奥陶系走滑断裂系统十分发育。结合塔北隆起的整体构造发育背景,利用钻测井资料和二维、三维地震资料进行地震标志层与地质层位综合标定(图3-28)。

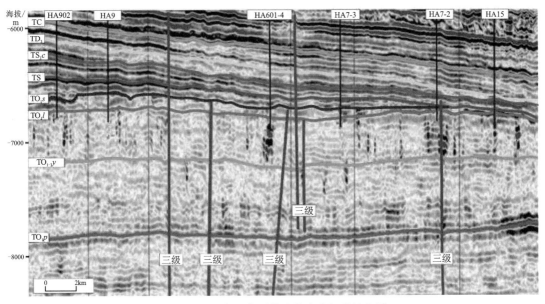

图3-28 研究区典型井连井合成记录标定图

1. 断裂分级

根据断层对构造、沉积的控制作用以及断距大小和平面延伸距离的变化,对哈拉哈塘地区古生界内的断裂进行了识别和分级。研究区的断裂可划分为三级。

一级断裂:作为研究区的主干断裂,控制全区内部构造带的分布和构造演化,造成平面上构造单元的分区、分带。一般情况下,垂向上有50m以上的断距,横向上延伸距离超过10km。

二级断裂:能够很清晰地在地震剖面上识别出来。通常有与主干断裂走向一致的伴生或派生的次级断裂和单独形成位于一级主干断裂之间的次级断裂两种。研究区内的构造格局一般由一级断裂和二级断裂共同控制,二者通常形成(反)"Y"字形的组合样式。一般情况下,垂向上有30m以上的断距,横向上延伸距离超过5km。

三级断裂:通常是一、二级断裂派生的次级断裂。因此一般识别出来的三级断裂都是依附于一、二级断裂之间,只有少数的是独立的小型局部断裂。垂向上只有很小的断距,横向上延伸距离小于5km。三级断裂虽由于规模较小,不能够控制区带或大型圈闭,但能够调节局部区域的构造变形。它通常是裂缝发育的有利部位,对于储层岩溶发育具有重要的作用。三级断裂遍布全区。

研究区内主要断裂在剖面上大多呈近直立状态(图3-28),具有明显的走滑样式,平面上多见"X"形组合样式(图3-29)。这表明本区域的断裂基本上都是在加里东运动中期形成"X"形剪挤压节理系的基础上发育的。主干断裂从加里东中期开始活动,后期经历了多期的构造继承和叠加而形成,因而多切穿二叠系,甚至三叠系。除此之外,研究区内大量规模比较小的断裂后期活动强度不大,基本上只断穿到了中奥陶统一间房组。

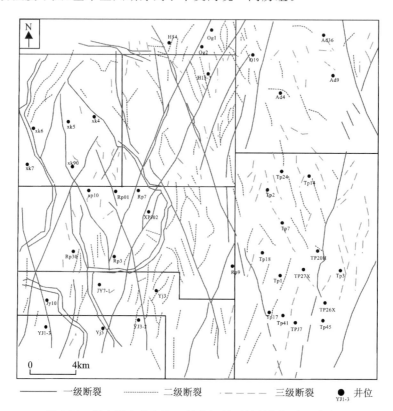

图3-29 研究区中奥陶统一间房组顶面断裂分级平面分布图

2. 断裂期次划分

研究区发育多种类型的走滑断裂,具有分段分区性,其活动具有多期性和继承性的特点。多期次多类型的断裂构成了现今的复杂断裂系统。哈拉哈塘地区断裂的断距一般都小于100m,在地震剖面上识别时,单纯的依靠断裂断穿的层位和相互切割关系,很难去准确地判断一条断裂的活动时期。另外,一般构造带的变形特征也只能记录一到两期的强烈断裂活动的状态,无法记录一些断裂活动较弱的次级断裂。因此从现今复杂的构造变形地质体中分离出每一时期的断裂活动是比较困难的。

前人研究表明，哈拉哈塘地区主要受到了四次构造运动的影响，包括加里东期（中期、晚期）、海西期、印支期和喜马拉雅—燕山期等。哈拉哈塘地区到了印支期后地层发生反转，整个地层的构造格局发生根本性的变化，且断裂强度不大。因此认为哈拉哈塘地区控制奥陶系岩溶储层发育的断裂主要是在加里东期和海西期形成的（图3-30、图3-31）。下面将一一详细说明各个时期研究区内断裂活动的活动期次及性质。

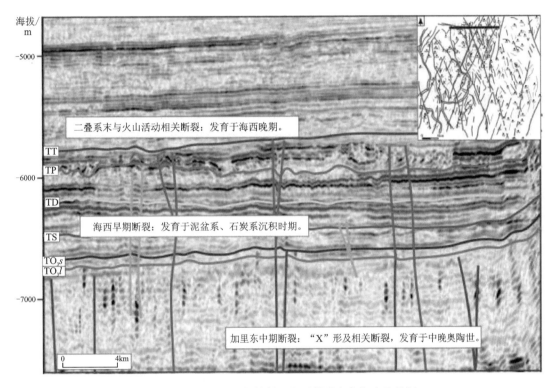

图3-30 研究区北部某剖面主要断裂发育期次及特征

加里东中期构造活动发生在上奥陶统良里塔格组沉积之后，该时期哈拉哈塘地区整体处于南北向挤压应力环境下。研究区北部发生微弱抬升剥蚀，上奥陶统良里塔格组和吐木休克组东西向基本等厚沉积，但向北方向逐渐被剥蚀减薄与上覆的桑塔木组形成角度不整合，中奥陶统的一间房组被覆盖区域则是全区基本等厚状态。

研究区整体表现出明显的挤压应力状态，形成一系列"X"形共轭断裂系。纵向上可以看出断开层位主要是寒武系和奥陶系，主干断裂发育区域附近具有较强的皱褶挤压变形，大多数的次级断裂成组发育，具有较小的断距。平面上可以看到主干断裂主要为北北西和北北东走向，延伸长度比较长，次级断裂不太发育（图3-32）。

到了加里东晚期，哈拉哈塘地区仍然处于南北向的挤压应力环境下，此时研究区除了继承南低北高的构造形态之外，还有略向西南倾的趋势。此时期内断裂活动强度较弱，只有前期形成的北东向断裂仍在挤压活动。

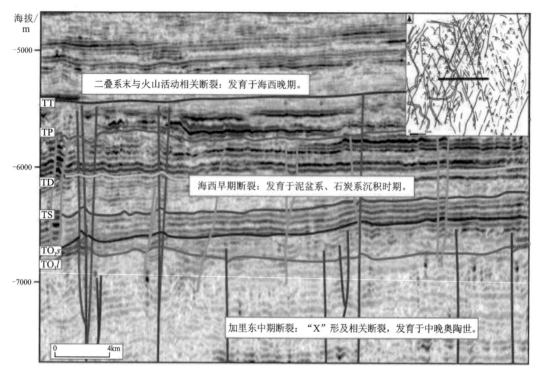

图 3-31 研究区南部某剖面主要断裂发育期次及特征

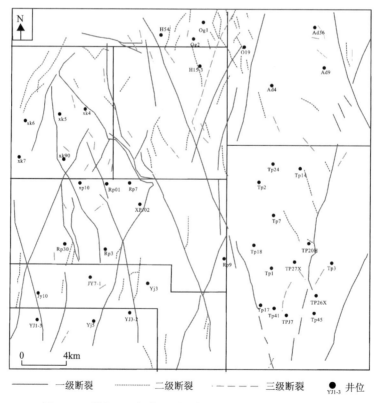

图 3-32 研究区一间房组顶面加里东中期断裂平面分布图

海西早期,研究区开始受到持续的北西-南东向的挤压应力,后期沉积的志留系和泥盆系仍然是北高南低的形态,一间房组的地层仍然呈向西南倾斜的特征,其顶面构造格局也继承了加里东中期构造活动,没有明显构造形态的变化。

此时期研究区内主要是加里东中期形成的断裂继承性活动,"X"形共轭断裂中北北东向断裂仍然以挤压为主,断裂活动强度较弱,北北西向断裂有强烈的走滑错动(图3-33)。

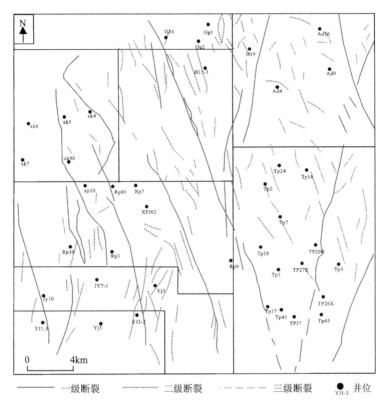

图 3-33 研究区一间房组顶面海西早期断裂平面分布图

海西晚期,研究区在北东-南西向应力场的挤压下,先是转变为中间高、两边略低的构造格局,后期又恢复成了略向西南倾的构造格局。此时期具有较强的右行压扭性作用力。

在继承了海西早期构造格局的基础上,研究区内发育了近东西向的断裂以及与火山断裂有关的"S"形断裂。"X"形断裂中北北东向断裂继续活动且活动强度较大(图3-34)。

3. 断裂组合样式

构造样式是指同一期构造应力或者同一期形变作用下形成的构造总和。同一时期形成的断裂可能在平面展布、剖面形态、应力场、排列状态等方面具有共同或者类似的规律和特点,形成典型的构造组合样式。

研究区长期处于挤压构造环境中。通过地震剖面的刻画和解释,发现研究区以正花状构造样式为主(图3-35)。其形态如同花朵盛开一般,越靠近顶部断裂越缓,往下各分支断裂变陡且逐渐靠拢,在深部合并,陡立地断穿基底。因此在浅层正花状构造是一个低幅度的构造形态。

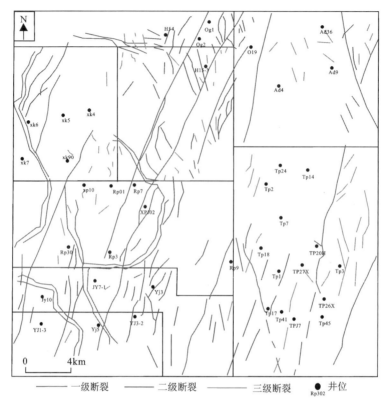

图 3-34 研究区一间房组顶面海西晚期断裂平面分布图

图 3-35 研究区典型构造样式

二、裂缝特征

研究区内各级断裂均伴生有裂缝。它对研究区奥陶系一间房组碳酸盐岩地层后期经历溶蚀作用改造而形成缝洞型储层起到了至关重要的作用。本书借用 4 口典型井的岩心资料，对研究区奥陶系一间房组裂缝的发育情况、成因类型、发育期次以及与各期断裂的关系进行详细的研究。

1. 裂缝发育情况及分类

岩心上能够观察到的裂缝通常是在地震剖面上无法识别出来的小规模破裂,但它们是不同构造时期断裂活动在岩心上的响应。选取研究区内的 TP39、TP42、AD11、YJ1X 共 4 口钻井的岩心进行分析,这 4 口钻井可见典型的裂缝发育特征,且取心井段均是一间房组。通过对岩心的观察分析,根据裂缝的成因可将研究区一间房组发育的裂缝划分为构造缝、成岩缝这两类,统计不同井段不同类型的裂缝发育情况如表 3-4、表 3-5 所示。下面将对不同类型裂缝的发育特征以及被充填情况进行详细的描述。

表 3-4 研究区奥陶系一间房组裂缝发育情况

井名	取心井段/m	取心长度/m	裂缝线密度/条·m^{-1}			
			近直立缝	斜交缝	缝合线	不定向缝
YJ1X	7196～7277	89.1	1.45	5.68	5.29	非常发育
AD11	6352～6365	12.79	0.42	6.57	42.75	比较发育
TP39	6983～7002	9.63	0.59	4.92	18.23	比较发育
TP42	6942～6955	10.33	0.64	9.13	9.25	比较发育

表 3-5 研究区奥陶系一间房组裂缝充填情况

井名	裂缝类型	充填情况
YJ1X	不定向缝	亮晶方解石全充填
	斜交缝	方解石、沥青质半充填-全充填
	锯齿状缝合线	泥质、沥青质半充填-全充填
	条带状缝合线	泥质、沥青质全充填
	近直立缝	方解石、沥青质半充填-全充填
	网状缝	泥质、沥青质半充填-全充填
AD11	不定向缝	亮晶方解石全充填
	斜交缝	方解石、沥青质半充填-全充填
	锯齿状缝合线	泥质、沥青质半充填-全充填
	条带状缝合线	泥质、沥青质全充填
	近直立缝	方解石、沥青质半充填-全充填
	网状缝	泥质、沥青质半充填-全充填
TP39	不定向缝	亮晶方解石全充填
	斜交缝	方解石、沥青质半充填-全充填
	锯齿状缝合线	泥质、沥青质半充填-全充填
	近直立缝	方解石、沥青质半充填-全充填
	网状缝	泥质、沥青质半充填-全充填

续表 3-5

井名	裂缝类型	充填情况
TP42	不定向缝	亮晶方解石全充填
	斜交缝	方解石半充填-全充填
	锯齿状缝合线	泥质、沥青质半充填-全充填
	条带状缝合线	泥质、沥青质全充填
	近直立缝	方解石、沥青质半充填-全充填
	网状缝	泥质、沥青质半充填-全充填

1) 构造缝

通过对岩心的详细观察,认为研究区的构造缝可分为近直立缝、高角度斜交缝、低角度斜交缝或水平缝4种。其主要特征如下:近直立缝在岩心上常见,近竖直劈开岩心,缝宽很大,一般大于2mm。裂缝面比较平直,纵向上延伸比较短,以亮晶方解石和沥青质充填为主,可见少量的黄铁矿(图 3-36a)。

斜交缝在研究区内一间房组很发育。其延伸长度比近直立缝要远,但是由于岩心直径的限制,通常在岩心上看到的斜交缝长度不会超过40cm。根据斜交缝与地层的交角可分为高角度斜交缝和低角度斜交缝,这两类裂缝均以方解石、沥青质充填为主,少量泥质和黄铁矿充填(图 3-36b,图 3-36c,图 3-36d)。

水平构造缝在研究区内一间房组比较少见,通常未被充填或半充填,溶蚀现象明显(图 3-36h)。

2) 成岩缝

成岩缝又被称为原生的非构造缝,是岩石在成岩阶段由于上覆压力、自身矿物重结晶或失水收缩干裂等非构造作用形成的裂缝。研究区奥陶系一间房组主要发育的成岩缝可分为水平缝、不定向缝和缝合线3种,其中以不定向缝和缝合线为主。其主要特征是多平行于层面发育,形状不规则,受到层理的限制而不穿层。

不定向缝在一间房组地层中普遍发育。不定向缝是一种在早期成岩过程中形成的裂缝,通常可以看到其被后期形成的各种裂缝切割。在选择的4口钻井中不定向缝均有发育,此类裂缝无固定方向,一般与地层平行或小角度斜交,规模较小,通常被亮晶方解石充填。缝长变化大,由于岩心的限制无法确定,但其缝宽一般在 0.5~1.5mm 之间(图 3-36i)。

研究区奥陶系一间房组碳酸盐岩地层发育的裂缝具有多期性,不同成因不同期次的裂缝相互交切,形成了网状缝系统(图 3-36g)。

2. 裂缝发育期次

研究区经历了多期复杂的构造运动叠加改造,发育多种成因多种产状的裂缝,不同期次的构造活动由于其构造应力的不同产生的裂缝产状特征也不尽相同。另外不同时期的地质流体也有很大的差异,因此不同时期裂缝中充填的物质也有不同。

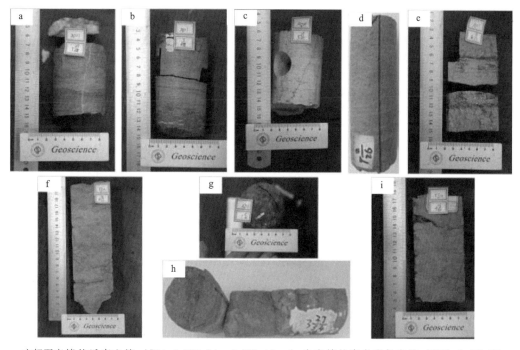

a.方解石充填的近直立缝,AD11,6 877.34～6 877.45m;b.未充填的高角度斜交缝,AD11,6 407.75～6 407.88m;c.被沥青质充填的高角度斜交缝,AD11,6 875.25～6 875.35m;d.方解石充填的低角度斜交缝,YJ1X,7 221.54～7 221.74m;e.泥质充填的条带状缝合线可见黄铁矿,AD11,6 711.00～6 711.15m;f.泥质充填的锯齿状缝合线,YJ1X,6 873.03～6 873.25m;g.泥质充填网状缝,AD11,6 872.01～6 872.23m;h.被泥质充填的水平缝,TP39,6 989.26～6 989.53m;i.不定向缝,YJ1X,7 196.90～7 197.10m。

图 3-36 研究区奥陶系一间房组典型井岩心裂缝特征

利用最传统的方法通过裂缝的切割限制关系判断裂缝发育的先后顺序。一般来说,被切割的裂缝先发育,被限制的裂缝后发育。根据哈拉哈塘地区奥陶系一间房组岩心的观察结果来看,其存在 4 组明显的切割、限制关系(图 3-37),分别是①近直立缝切割缝合线;②缝合线切割高角度缝;③高角度缝切割低角度缝;④低角度缝切割不定向缝。因此可以判断不同产状裂缝发育的顺序依次是①不定向缝;②低角度缝;③高角度缝;④缝合线;⑤近直立缝。

利用裂缝的切割限制关系和充填物的类型只能判断各类裂缝发育的大致期次,并不能判断裂缝形成的具体期次,需要借用裂缝充填物的地化指标分析来最终确定裂缝的发育时期。裂缝发育的过程是饱和的地层水进入裂缝中,最先和裂缝两侧的岩石发生反应,然后在缝壁处最先富集,后期再有流体的影响,从而形成了多期胶结物。因此对裂缝期次的确定,选择的裂缝充填物必须是靠近缝壁的第一期充填的次生矿物,选取研究区不同井一间房组裂缝中充填物进行流体包裹体分析测试。可以得出研究区奥陶系一间房组地层中发育的裂缝形成的主要期次依次为:加里东中期—海西早期发育低角度缝和高角度缝;海西晚期发育近直立缝。

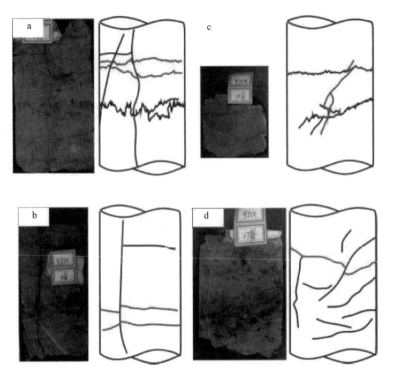

a. YJ1X,7 199.48～7 199.63m,近直立缝切割缝合线;b. YJ1X,7 198.10～7 198.15m,缝合线切割高角度缝;c. YJ1X,7 238.78～7 238.85m,高角度缝切割低角度缝;d. YJ1X,7 283.05～7 283.18m,低角度缝切割不定向缝。

图 3-37　研究区奥陶系一间房组岩心裂缝切割、限制关系

3. 裂缝成因机制

中加里东早期,研究区一间房组开始沉积发生成岩作用,构造活动不强烈,发育以不定向缝为主的成岩缝,少量的构造缝(图 3-38a)。裂缝规模比较小,容易被交代出来的亮晶方解石充填。

中加里东晚期—晚加里东早期,研究区一间房组和上覆地层在较强烈的南北向挤压力的作用下发生抬升,发育较大规模的以斜交缝为主的裂缝,以后期的亮晶方解石充填为主。晚加里东晚期,研究区一间房组在持续性的挤压力作用下,先期发育的斜交缝再次发生活动形成规模较大的裂缝系统并伴生更次一级别的小规模裂缝,此时期有一期油气充注导致沥青质的侵染,使得后期部分裂缝充填以沥青质为主(图 3-38b)。

海西早期,挤压应力转变为北西-南东向,研究区稳定持续地沉积了泥盆系和石炭系,上覆地层对一间房组的地层负荷超过地层承受能力,促使一间房组地层发生压溶作用,形成大量的缝合线,并与前期形成的裂缝构成网状缝系统(图 3-38c)。

海西晚期,南天山洋闭合,此时研究区发育大规模的走滑断裂,由于强烈的右行剪切力导致其伴生出一系列的近直立缝(图 3-38d)。

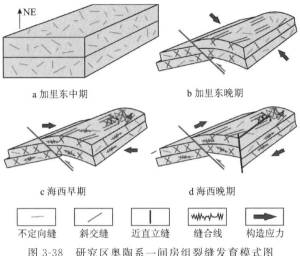

图 3-38 研究区奥陶系一间房组裂缝发育模式图

研究区奥陶系一间房组中发育的各类裂缝主要发育期次为不定向缝（中加里东早期）→斜交缝（加里东晚期）→缝合线（海西早期）→近直立缝（海西晚期），其中加里东中期—海西早期是大规模的裂缝发育的主要时期。

4. 断裂对储层的控制作用

统计研究区内发生放空漏失现象的钻井并将其投影到断裂分布的平面图上（图 3-39）。

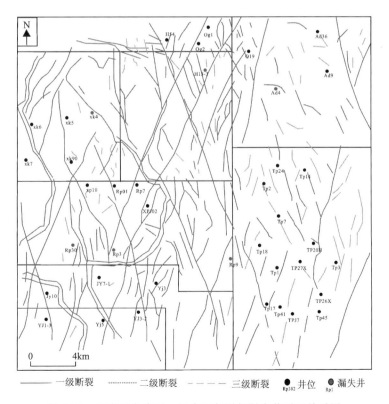

图 3-39 研究区奥陶系一间房组断裂与漏失井平面关系图

研究区内 90% 以上的放空漏失井都沿着"X"形共轭断裂系或其次生断裂呈线性分布。在研究区北部断裂集中发育的地方，岩溶储层也集中发育。根据前文的储层研究可以看到，离近直立的主干断裂非常近的钻井往往在纵向上发育较深的岩溶储层，说明流体对碳酸盐岩储层溶蚀改造过程中，往往是沿断裂的断面向下溶蚀。

构造断裂活动造成碳酸盐岩破裂，导致裂缝十分发育。研究区奥陶系一间房组发育的构造缝对储层的发育影响重大，不同期次不同产状的裂缝构成复杂的网状缝系统，随着流体的进入，裂缝发生溶蚀改造，沿裂缝周缘孔隙较好的部位形成溶蚀孔洞，形成裂缝型储层或裂缝-孔洞型储层。

因此断裂活动是研究区岩溶储层发育的主控因素。断裂活动形成的主干断裂及次生断裂在宏观上控制大规模岩溶储层分布，裂缝是微观上沟通溶蚀孔洞的重要通道。

第四章 沉积特征描述

沉积相是沉积环境及在该环境中形成的沉积岩特征的综合。结合塔北地区奥陶系沉积格局和前人研究成果,选取钻井剖面、地震剖面等资料开展研究工作,利用重要相标志,即岩性、古生物、地球物理等相标志,进行奥陶系沉积相及微相类型划分和解剖,编制单井剖面上的沉积相综合柱状图。将沉积相与古地理位置、海平面变化和层序体系域相联系,结合地震反射特征开展地震相分析,进而编制区内奥陶系沉积相的平面展布图。本章在了解分析沉积相带展布与古构造、沉积古地貌、海平面变化和台地类型变化的关系后,总结提出塔北地区奥陶系沉积演化模式。

第一节 碳酸盐岩沉积模式

沉积相可根据沉积岩原始物质的不同,分为碎屑岩沉积相和碳酸盐岩沉积相。前者以砂、粉砂、黏土等碎屑物质为主,沉积介质以浑水为特征,岩性以碎屑岩为主;后者以化学溶解物质(尤以碳酸盐岩物质)为主,介质以清水为特征,岩性以碳酸盐岩为主。

目前沉积相的分类通常以沉积环境中占主导地位的自然地理条件为主要依据,并结合沉积动力、沉积特征和其他沉积条件进行划分。对陆源碎屑沉积相的划分如表4-1所示。分类表中的"相组"和"相"分别为一级相和二级相,在此基础上可进一步划分出"亚相"和"微相"。

表 4-1 沉积相的分类

相组	Ⅰ.陆相组	Ⅱ.海相组	Ⅲ.过渡相组
相	1.残积相 2.坡积-坠积相 3.沙漠(风成)相 4.冰川 5.冲积扇相 6.河流相 7.湖泊相 8.沼泽相	1.滨岸相 2浅海陆棚相 3.半深海相及深海相	1.三角洲相 2.扇三角洲相 3.辫状三角洲相 4.河口湾

哈拉哈塘地区上奥陶统良里塔格组的岩性主要是古代海洋碳酸盐岩中的灰岩类,类型主要以亮晶颗粒灰岩类、泥晶颗粒灰岩类、颗粒泥晶灰岩类、泥晶灰岩类、生物灰岩类以及特殊岩类(瘤状灰岩和沉凝灰岩)为主,因此对海洋碳酸盐沉积环境和沉积相模式的研究尤为重要。

一、海洋碳酸盐沉积环境特点

现代海洋碳酸盐沉积,主要分布于南北纬度30°的赤道温暖的浅海地带,如加勒比海大巴哈马滩、波斯湾、孟加拉湾、我国的南海诸岛及印度尼西亚其他陆棚等地。上述地带钙藻大量繁殖,珊瑚礁发育,局部有贝壳砂、鲕粒砂、葡萄状团块、球粒、灰泥及造礁生物黏结岩堆积。南北纬度40°之间的深海盆地底部,有大量的浮游生物碳酸盐沉积。这些现代海相碳酸盐产于温暖、浅水且清澈的环境中,这样就避开了大量细碎屑沉积物的注入;我国的广西北海水域的涠洲岛和海南岛南端的三亚市的滨浅海域,同样为少量黏土及粉砂的供给区,以沉积碳酸盐为主。

除造钙生物提供的骨骼,现代热带浅海碳酸钙沉积与藻类活动有关。现代热带浅海小于10~15m水深的海域,所产生的$CaCO_3$比深陆源海每单位面积的$CaCO_3$多几倍,主要与这一水域的绿藻海松科及蓝藻特别丰富有关。由于藻类的光合作用,需要从海水中吸收大量的CO_2,从而促使海水中的$CaCO_3$过饱和,沉淀出文石质灰泥来,而且钙藻的外壳也是文石质灰泥及颗粒的主要提供者,因此藻类繁殖可以提供大量碳酸盐沉积物,而它需要生活在一个温暖、浅水、清洁、透光的环境。如果海水浑浊,不仅妨碍藻类光合作用,阻止藻类的生长,而且悬浮的黏土可以堵塞许多底栖无脊椎动物的摄食器官,使这些动物不能繁衍,这也妨碍了大量碳酸盐岩颗粒的产生,故浑水对碳酸盐的生成起着抵制作用。海水太深,阳光不足,氧气不够,对藻类和底栖无脊椎动物生长不利;位于碳酸盐的补偿深度面(CCD面)之下的深海水域,水压大,溶解CO_2多,$CaCO_3$不饱和,因此深水不仅不会有大量原地碳酸盐沉积物的直接产生,而且对已堆积的碳酸盐沉积物有强烈溶解作用。部分深水碳酸盐沉积物主要靠海水表层具几丁质表面保护层的浮游生物(如颗粒藻、抱球有孔虫、翼足类等)和浅水陆棚区以浊流方式搬运来的灰泥或粉屑供给。

在开阔海陆棚浅水地带,由于海底坡度不同,在缓斜海底上,波浪及潮汐在滨岸带产生碎浪,出现高能带。随着碳酸盐沉积物的不断产生,自身加积作用使海底坡度逐渐变平,此时波浪及潮汐作用与浅水海底发生摩擦,在远岸地带产生碎浪带,出现滨外高能带。在滨岸高能带或滨外高能带,由于波浪(包括潮汐)及其伴生的沿岸流、底流作用,使碳酸盐沉积物发生筛选,将其中的细屑碳酸盐物质带走,而留下各种砂砾级碳酸盐颗粒,形成各种砂砾屑滩、介壳滩、沿岸砂坝及砂嘴,或滨外砂堤及砂洲、潮汐三角洲及潮汐砂坝等,常见如现代波斯湾潮坪的鲕粒滩及砂滩、鲕粒三角洲沉积,大巴哈马滩西缘鲕粒砂堤,三亚小东海生物碎屑组成的海滩及三亚湾珊瑚砂坪等,均属于以机械沉积作用为主的碳酸盐沉积体。从浅水陆棚高能带被筛选出来的细屑碳酸盐物质(即灰泥、粉屑)主要被搬运到陆棚边缘或障壁砂坝前缘的较深水地区沉积,部分堆积在障壁后受保护的潟湖主潮坪区,形成所谓的两个低能带沉积区。

碳酸盐沉积物主要是生物成因的,其中有些生物能适应较高水能环境,甚至具有抗浪的生态本能,它们能在高能环境下就地快速生长聚集成为抗浪的礁体,形成高出于周围同期沉积上的建隆。在高能带,由于向岸风及潮汐作用,使波浪搅动及海水压力变化,沿着斜坡上升的海水,遭受温度骤然升高,水压降低,促使 CO_2 释放, $CaCO_3$ 大量沉淀;同时从深水还带来大量其他养料,有利于造礁生物的生长发育。因此,沿岸高能带常出现岸礁,如海南岛南端三亚湾的现代珊瑚岸礁;滨外或陆棚边缘高能带常出现堤礁或堡礁,如澳大利亚东部沿海现代堡礁等。在出现岸礁或堡礁时,礁体首当其冲遭受波浪冲击,从这些礁体中带出大量生物碎屑及礁屑岩块,在礁前斜坡产生礁角砾堆积(塌积岩),在礁后形成生物砂滩。这些地带如果持续地保持强到中等的水运动,而又有较咸的碳酸钙经常过饱和的海水不断产生,这就使得正常盐度的造礁生物不能繁衍。海底碳酸钙的加积作用及胶结作用,水体中的颗粒包壳作用等,可以产生鲕粒、砂屑、球粒、团块、核形石及生物砂等沉积物并被亮晶胶结。

在障壁礁或砂堤之后,水的循环受到限制,出现安静潟湖及潮坪环境。如果气候炎热干燥,蒸发作用使潟湖水体的盐度不断升高,最初会产生碳酸钙(文石)的化学沉淀。水体中微细的文石针发生絮凝作用,经常出现球粒灰泥沉积,进一步咸化就会出现白云岩及膏盐沉积。如果气候比较潮湿炎热,潟湖水体的盐度变化不大,除了上述生物,还可有大量绿藻、钙质海绵、苔藓虫及腕足类等窄盐度生物,为碳酸盐沉积提供大量颗粒。潮坪地带由于间歇性的涨潮淹没及退潮期暴露干燥,出现具有特色的沉积物,如层纹石灰岩(白云岩)、叠层石灰岩(白云岩),以及鸟眼、干裂、纹层、膏盐晶体假象等沉积构造。在热带多雨地区,潮间坪沉积带出现淡水透镜体,提供泉水并造成富含半碱水植物的沼泽,或出现微喀斯特地貌(溶洞、溶缝、岩溶漏斗等),在沉积物表面沉淀出结壳状淡水方解石等。

二、海洋碳酸盐沉积相模式

20 世纪 50 年代以前,人们对碳酸盐沉积环境的认识相当肤浅,几乎全是笼统的"浅海相"化学沉积概念。从 20 世纪 60 年代开始,随着人们对现代碳酸盐沉积作用研究的深入和对碳酸盐沉积原理的逐渐认识及深化,特别是石油工业的推动,对古代海相碳酸盐岩沉积环境的解释才取得突飞猛进的发展,并建立了一系列响应的沉积相模式。

形成碳酸盐沉积物的浅海一般分为两种类型,即陆表海与陆缘海,这是两种性质截然不同的海洋。陆表海以面积十分广阔、海水极浅、海底十分平缓为其特征。我国西南地区古生代及早中生代的海洋,华北早古生代的浅海都可能属于陆表海。北美奥陶纪的陆表海,东西延伸达 3200km,而宾夕法尼亚纪的陆表海也延伸 1600km。陆表海的深度很少超过 200m,一般只有 30m,其海底平均坡度在 0.03~0.15m/km 之间,可见其坡度是十分平缓的。现代陆表海很少见到,但在古代出现大面积分布的陆表海。

陆缘海分布于大陆边缘,占据陆架位置,其宽度达 160~480km,深度达 200~350m,海底平均坡度在 0.6~3m/km 之间。我国东部沿海的黄海、东海及南海均属于陆缘海。

从目前来看,形成古代碳酸盐沉积物的海洋并不像现代的许多陆缘海,而是属于陆表海。

由于陆表海内波浪、海流以及潮汐作用对于碳酸盐沉积物的分异,形成了 3 个明显的沉积相带,即 1 个高能带、2 个低能带。这一特征首先由肖提出,奠定了碳酸盐沉积相模式的基础,其后欧文正式命名为 X,Y,Z 3 个带,之后拉波特提出 4 个带,一直发展到威尔逊的 9 个相带和塔克的 7 个相带,碳酸盐沉积相模式才逐渐趋于完善和适用。在此期间,我国沉积学工作者在引进上述模式的同时,结合中国古生代碳酸盐沉积特点进行了卓有成效的研究,提出众多结合中国古海域发育特点的碳酸盐沉积模式。这一发展过程清楚地表明,人们对碳酸盐沉积相的研究逐渐深入,研究水平不断提高。

但是,随着人们对碳酸盐沉积相模式研究的不断深入,发现碳酸盐沉积受生物、气候、水文和自然地理等多种条件影响,沉积作用十分复杂,不可能用单一模式概括所有的特征,随着大地构造背景不同和时间上的推移,碳酸盐沉积模式也出现相对应的演化过程。因此,进入20 世纪 80 年代后,人们摆脱了 20 世纪 60—70 年代静态碳酸盐沉积模式的束缚,开始研究和建立一种动态碳酸盐沉积模式,强调碳酸盐斜坡沉积相模式的重要性,并力图把碳酸盐沉积相模式直接与成岩环境、矿产和油气资源勘探联系起来。以下简要介绍最常用的几个碳酸盐岩沉积相模式。

1. 威尔逊模式

威尔逊综合了古代及现代碳酸盐岩的大量沉积模式,按照沉积环境的潮汐、波浪、氧化界面、盐度、水深及水循环等因素的控制,建立了综合的碳酸盐沉积模式,划分 9 个标准相带:盆地、广海陆棚、盆地边缘(深陆棚)、台地前缘斜坡、台地边缘生物礁、台地边缘浅滩、开阔台地、局限台地及台地蒸发岩。此外,威尔逊还提出了在 9 个相带中 24 个微相类型的组合特征,为其模式的应用带来了很大方便。

威尔逊模式在我国已被广泛采用,对在碳酸盐岩地区开展沉积环境及相分析的研究工作起到了良好的指导作用,但在使用过程中也还存在些问题,比如陆源碎屑岩与碳酸盐岩同时出现,如何建立模式?我国南方古生代地层经常出现碳酸盐台地与克拉通内部槽盆错综复杂的交错格局,碳酸盐台地内部出现各种微环境以及台地边缘生物礁相和台地边缘浅滩相相带无前后发育关系,更多的出现在平行台地边缘交替展布的格局中,盆地、广海陆棚相盆地边缘和深陆棚边缘相带的细分在实际工作中无意义等问题。国内外广大沉积学工作者在实践中提出了许多模式,补充和修改了威尔逊模式的不足之处。后面介绍最具代表性的关士聪等(1981)模式,以及塔克模式,或许对上述问题的解决有所帮助。

2. 关士聪等模式

关士聪等综合总结了我国大量地层研究成果,编制了一套 1:1000 万的全国范围内的古海域沉积相图。在此基础上,进行分析比较,并吸取了威尔逊及赖内克等沉积模式的优点,提出了中国古海域沉积环境综合模式图。这个模式,按海底地形、海水深度、潮汐作用和海水能量、沉积特征及生物组合特征等,分为 2 个相组、6 个相区、15 个相带或相,如表 4-2 所示。

关士聪等建立的综合模式,具有重要的理论和实践意义,值得推广。他们所划的台棚相组包括了陆表海及边缘海沉积模式。槽盆相组概括了主动及被动大陆边缘盆地沉积特征。模式考虑了各种构造条件下的沉积盆地类型,同时也将陆源沉积模式与清水碳酸盐沉积模式统一起来。

表 4-2 中国古海域沉积环境综合表

槽盆相组	深海槽盆相区（O-1） 次深海槽盆相区（O-2）	亚相
台棚相组	浅海陆棚相区（Ⅰ）	陆棚边缘盆地相带（$Ⅰ_1$） 浅海陆棚相带（$Ⅰ_2$） 陆棚内缘斜坡相带（$Ⅰ_3$）
	台地边缘相区（Ⅱ）	台地前缘斜坡相带（$Ⅱ_1$） 台地边缘礁相带（$Ⅱ_2$） 台地边缘滩相带（$Ⅱ_3$）
	台地相区（Ⅲ）	台盆（台沟）相带（$Ⅲ_0$） 开阔台地相带（$Ⅲ_1$） 半闭塞台地相带（$Ⅲ_2$） 闭塞台地相带（$Ⅲ_3$）
	陆地边缘相区（Ⅳ）	沿岸滩坝相带（$Ⅳ_1$） 潮坪潟湖相带（$Ⅳ_2$） 滨海沼泽相带（$Ⅳ_3$） 滨海陆屑滩相带（$Ⅳ_4$） 三角洲相带（$Ⅳ_5$）

3. 塔克模式

塔克认为，一个典型而完整的碳酸盐沉积相模式应具有如下特征：在近岸潮间—潮上区，以碳酸盐泥坪为主，如果处在干燥气候带，向陆方向过滤为萨布哈及盐沼的蒸发沉积；在浅水到深水陆棚区，为碳酸盐砂及泥沉积，其中陆棚上或沿陆棚边缘发育的高能浅水区是鲕粒等颗粒形成的场所，由鲕粒和骨骼砂可以形成砂堤、海滩或浅滩。沿着砂堤岸线，在沟通潟湖与开阔陆棚的主要潮汐通道口上，可以发育碳酸盐潮汐三角洲，也是鲕粒生成场所；沿着陆棚边缘，礁和其他碳酸盐岩隆经常发育，可形成障壁地形，导致礁后陆棚静水潟湖的形成，海水循环受限制。在陆棚或开放潟湖内，常形成小的斑礁；沿陆棚边缘，来自礁及滩的碳酸盐碎屑可以通过碎屑流及浊流被搬运进临近的盆地。在很少陆源物注入盆地的时候，则可有异地搬运的远海碳酸盐沉积作用发生。塔克模式的主要特点是，将碳酸盐沉积作用与 7 个主要环境联系起来划分成潮上—潮间坪、潟湖及局限海湾、潮间—潮下浅滩区、开阔陆棚及台地（由浅水到深水）、礁及碳酸盐岩隆、前缘斜坡和盆地 7 个相带，其中盆地包括其他欠补偿的远海碳酸盐沉积区和碳酸盐浊积盆地。塔克又将前 5 种环境划归碳酸盐台地—陆表海，将后 2 种划归盆地较深水/斜坡区。该模式同威尔逊模式相比,不同点在于塔克模式中将盆地与陆棚放在一起,台地边缘生物礁与浅滩合并。在碳酸盐台地中则将潟湖(局限台地)与潮坪分开,开阔台地内又分出浅水碳酸盐砂滩,局部出现斑(点)礁及泥丘。相对威尔逊模式,塔克模式更切合陆表海碳酸盐沉积作用,非常适用于我国华北地台及扬子地台的古生代及三叠纪。

第二节 沉积相划分方案

通过对塔北地区奥陶系沉积格局、层序地层的分析,再结合岩性、测井、地震相等分析,识别出碳酸盐岩台地、斜坡、盆地沉积相,碳酸盐岩台地相又识别出局限台地、开阔台地、台地边缘、淹没台地亚相,详见表4-3。

表4-3 塔北地区奥陶系沉积相类型划分表

系	统	组	相/亚相	微相	主要岩性特征	重点井
奥陶系	上统	桑塔木组	盆地		灰色泥质粉砂岩、泥岩不等厚互层	沙112
		良里塔格组（O_3l）	开阔台地	滩间海	厚层状灰色、灰白色泥晶灰岩、泥灰岩、灰质泥岩	艾丁25
				台内滩	深灰色、灰色砂屑灰岩	
			台地边缘	滩间海	黄灰色、灰色泥晶灰岩、泥质灰岩	托甫24
				台缘滩	黄灰色、灰色泥晶砂屑灰岩、鲕粒灰岩	沙108
			斜坡		中—厚层灰色、深灰色、灰白色灰岩、泥灰岩	托甫18
			盆地		中—厚层灰色泥质灰岩、棕灰色灰岩	托甫37
		恰尔巴克组	淹没台地		下部为绿灰色瘤状灰岩,中部为浅棕色含泥灰岩,上部为红棕色灰质泥岩、泥灰岩	托甫37
	中统	一间房组（O_2yj）	开阔台地	滩间海	灰色、深灰色泥晶灰岩为主与同色砂屑泥晶灰岩、生屑灰岩不等厚互层	艾丁26
				台内滩	灰色、灰白色砂屑灰岩、鲕粒灰岩	托甫37
				生物丘	海绵生物丘灰岩	艾丁25
			台地边缘			
			斜坡		灰色厚层泥晶灰岩夹薄层状含泥灰岩	库南1
			盆地		上部深灰色泥岩,下部灰色灰质泥岩	尉犁1

续表 4-3

系	统	组	相/亚相	微相	主要岩性特征	重点井
奥陶系	中下统	鹰山组 ($O_{1-2}y$)	局限台地	潮坪	巨厚层状褐色、灰色、深灰色(针孔状、灰质)白云岩夹薄层深灰色、灰色白云质灰岩	和4
				台内滩	褐灰色砂屑灰岩	沙88
			开阔台地	滩间海	厚层灰色粉晶灰岩、泥晶灰岩	塔深1
				台内滩	灰色、深灰色亮晶颗粒灰岩、碎屑灰岩	塔深2
			台地边缘	滩间海	黄灰色泥晶灰岩夹砂屑泥晶灰岩、白云质灰岩	于奇6
				台缘滩	黄灰色泥晶砂屑灰岩	于奇6
			斜坡		灰色泥晶灰岩、深灰色含泥质灰岩	库南1
			盆地		深灰色泥岩、灰质泥岩	尉犁1
	下统	蓬莱坝组 (O_1p)	局限台地	潮坪	厚层浅灰色、深灰色白云岩、灰质白云岩夹薄层灰色、褐色、灰白色灰岩、白云质灰岩	沙88
				台内滩	浅灰色、浅黄灰色白云质灰岩、含白云石灰岩、泥晶砂屑灰岩	塔深1
			开阔台地	滩间海	黄灰色、深灰色砂屑泥晶灰岩、白云质灰岩、泥晶灰岩	塔深1
				台内滩	黄灰色泥晶砂屑灰岩、砂屑灰岩、亮晶灰岩	塔深1
			台地边缘	滩间海	薄层灰色、黄灰色亮晶砂屑灰岩、灰岩、白云岩不等厚互层	于奇6
			斜坡		灰色、深灰色、黑灰色碳质泥岩、灰质泥岩、泥灰岩不等厚互层	库南1
			盆地		薄层灰色灰质泥岩夹薄层灰色泥岩	尉犁1

第三节 沉积相特征分析

一、局限台地相

1. 岩性、测井相特征

1)潮坪相

潮坪是指地形平坦,随潮汐涨落而周期性淹没、暴露的环境,是在局限或半局限台地背景下发育形成的,沉积过程中水体浅、沉积能量低、水体盐类较高的一类微相,可发育在台缘地带或在台内生物礁滩基础上演化发育。在塔深1、塔深2、于奇6井上可识别出潮坪微相,沉积物以白云岩类为主,岩性包括灰白色—浅灰色—深灰色—灰黑色泥质白云岩、泥粉晶白云岩、藻纹层细晶白云岩、中晶白云岩等(图4-1),生物及其碎片较少,见少量介形虫和蓝绿藻。沉积构造可见水平层理、干裂构造、叠层构造等。

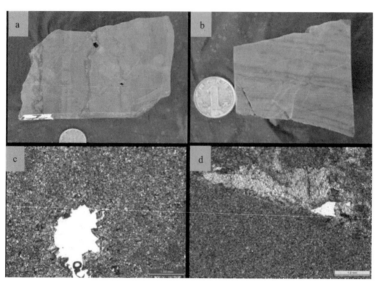

a.塔深2井O_1p,1-7/40,浅灰色粉—细晶白云岩;b.塔深2井O_1p,3-1/16,浅灰色灰质泥晶白云岩;c.塔深2井O_1p,1-7/40,2.5X(−),灰色粉晶白云岩;d.塔深2井O_1p,3-4/16,2.5X(−),深灰色泥—粉晶云岩。

图4-1 局限台地潮坪微相岩心、薄片特征

单井剖面上,潮坪云岩发育段特征表现为GR曲线呈锯齿状,中—高值,可见尖峰;电阻率曲线起伏剧烈,中—高值,AC曲线高值(图4-2)。

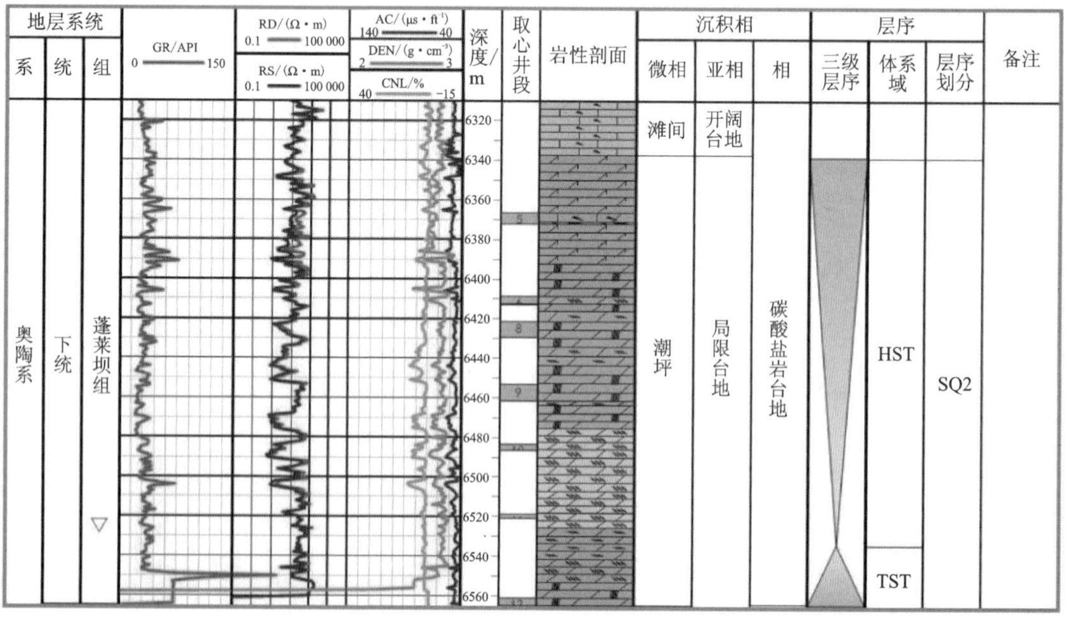

图4-2 沙88井潮坪微相岩性剖面及测井响应特征

2）台内滩微相

台内滩微相是局限台地内浪基面之上的中—高能沉积。区内滩体不发育，滩体数量小、厚度薄，岩性为灰色砂屑灰岩和泥晶砂屑灰岩（图4-3）。该微相主要发育于奥陶系鹰山组和蓬莱坝组，典型钻井为沙88井。

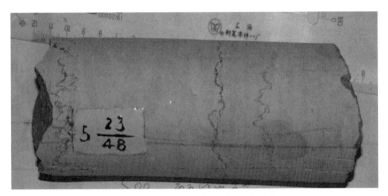

图4-3　局限台地台内滩微相岩心特征

在单井剖面上，台内滩微相表现为低自然伽马值、高电阻率值，以及高声波时差值（图4-4）。

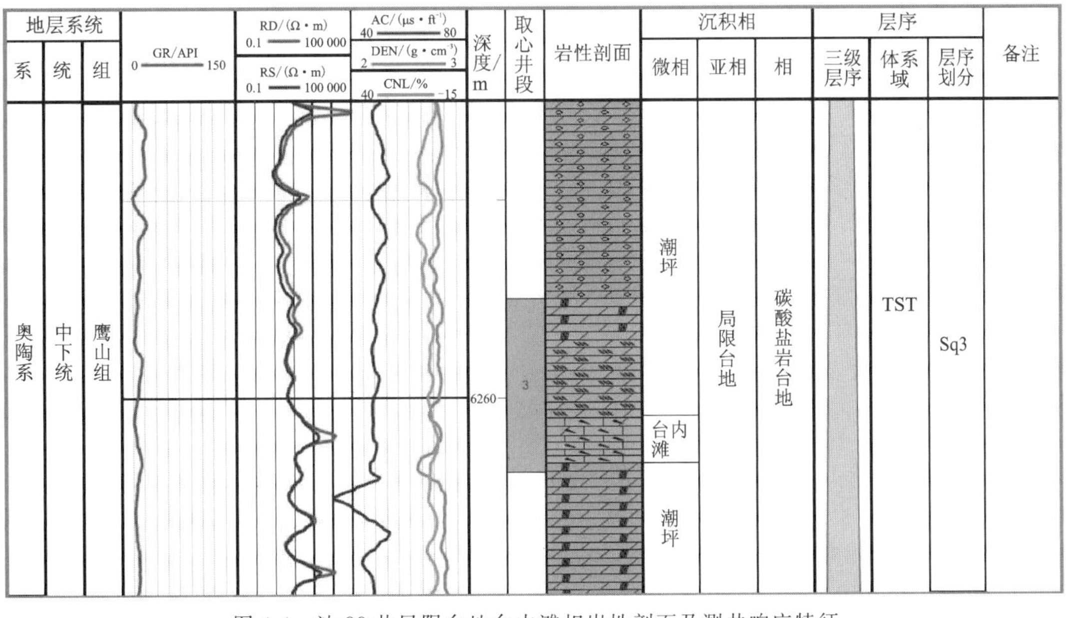

图4-4　沙88井局限台地台内滩相岩性剖面及测井响应特征

2. 地震相特征

局限台地相主要以白云岩、灰质白云岩为主，通常地震反射特征表现为振幅中等到弱，连续性中等到较差，反映出地层岩性和内部层理在横向上均有变化，可能是由于局限台地潮坪相的云岩夹云质灰岩、砂屑灰岩，灰岩在横向上分布不稳定。外形大多呈席状或席状披盖（图4-5）。

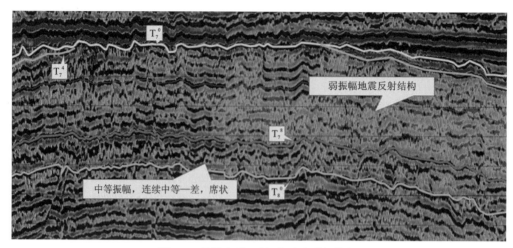

图 4-5 局限台地、开阔台地地震相特征

二、开阔台地相

开阔台地沉积主要为颗粒灰岩、泥晶灰岩。岩石多呈灰色、深灰色,中厚层,缺乏层理构造,还可见风暴岩夹于正常沉积的岩石中。塔北地区开阔台地相主要发育于奥陶系鹰山组与一间房组,以及部分地区的蓬莱坝组和良里塔格组。开阔台地亚相包括台内滩、滩间 2 个微相。

1. 岩性、测井相特征

1)台内滩相

台内滩相是开阔台地内零星散布的浅滩,规模大小不等,主要处于浅水环境,台内滩的形成多与台地的局部隆起有关,为开阔台地中相对高能地带。滩内主要发育浅灰色—浅褐灰色颗粒灰岩、泥晶砂屑灰岩等。颗粒包括生物碎屑、鲕粒和内碎屑等,颗粒含量高,可达 70%~80% 以上,泥晶填隙物较为常见(图 4-6)。生物可见腹足类、腕足类等。主要沉积构造有小型交错层理、冲刷面等。

在单井剖面上,开阔台地台内滩相发育段特征表现为低自然伽马值,电阻率曲线中值,起伏较剧烈,声波时差曲线增大(图 4-7)。

2)滩间海微相

滩间海微相发育在开阔台地内水体相对较深的地区,沉积能量相对较低,水的盐度及水流交换正常,往往发育在生物丘或滩体之间。静水沉积的岩性主要为深灰色—灰色泥晶灰岩、砂屑泥晶灰岩等(图 4-8),可见三叶虫、腕足、海百合等生物碎屑。滩间沉积物颗粒含量较少是与台内滩微相沉积物的最大区别。沉积结构可见水平—微波状层理、生物扰动构造等。

在单井剖面上,滩间海相显示出自然伽马曲线平直光滑略升高,声波时差低值,密度高值,电阻率曲线整体有所升高(图 4-9)。

a. 于奇 1X,O_2yj,7-2/26,浅灰色油迹泥晶砂屑灰岩;b. 艾丁 26,$O_{1-2}y$,10-28/33,含硅质结核灰岩;c. 托甫 18,O_2yj,3-58/66,2.5X(—),亮晶颗粒灰岩,颗粒主要为海百合生屑;d. 艾丁 26,O_2yj,5-32/33,2.5X(—),砂屑灰岩。

图 4-6　开阔台地台内滩微相岩心、薄片特征

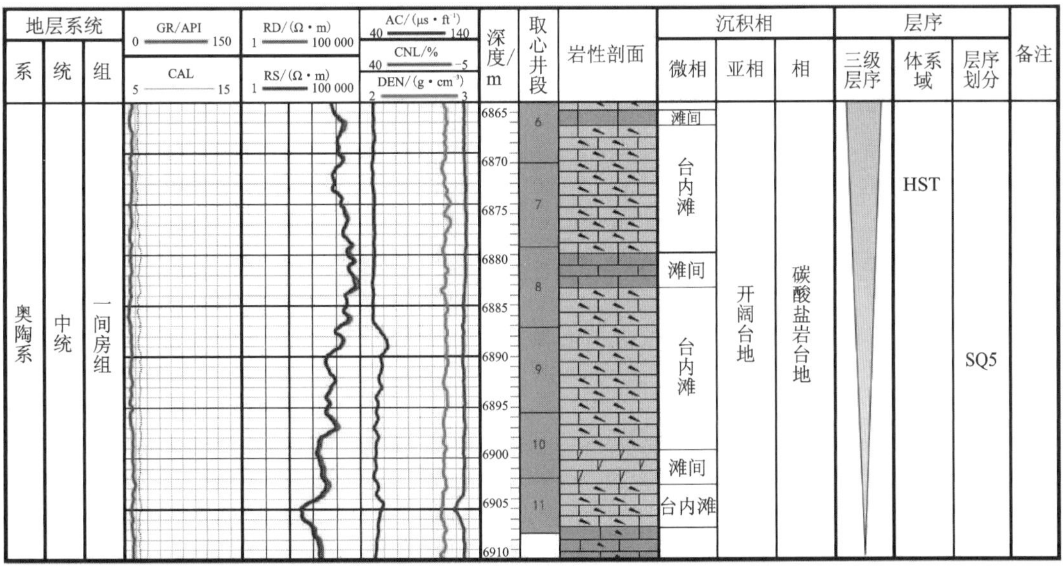

图 4-7　托甫 37 井开阔台地台内滩相岩性剖面及测井响应特征

3)生物丘微相

塔北地区奥陶系开阔台地生物丘微相沉积生物丘灰岩,造礁生物主要为海绵(图 4-10),局部可见苔藓虫,可见藻包覆层结构,生物骨架可见微晶砂泥质以及方解石的化学沉淀。在单井上观察到生物丘灰岩一般与台内滩相的颗粒灰岩、藻黏结灰岩等共生,托甫 24、艾丁 25 等井上可识别出生物丘微相。

a. 于奇 1X,O_2yj,9-43/64,黄灰色泥晶灰岩,有灰黑色硅质团块;

b. 于奇 1X,O_2yj,10-2/64,2.5X(—),泥晶灰岩。

图 4-8 开阔台地滩间海微相岩心、薄片特征

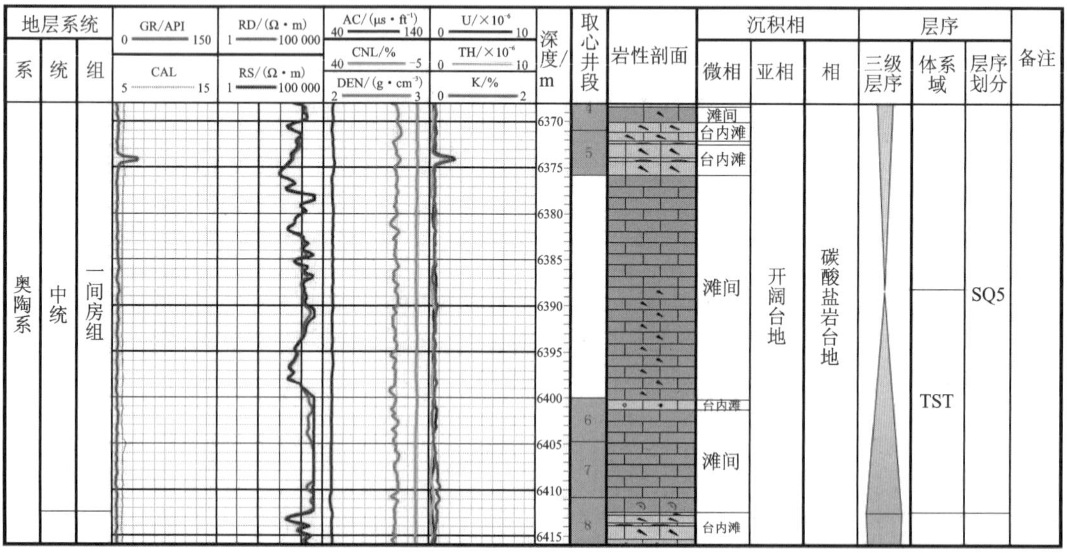

图 4-9 艾丁 26 井开阔台地滩间海相岩性剖面及测井响应特征

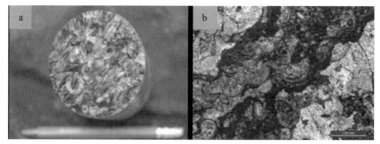

a. 艾丁 25,O_2yj,8-46/125,海绵生物丘灰岩;

b. 艾丁 25,O_2yj,8-68/125,2.5X(—),海绵生物丘灰岩。

图 4-10 开阔台地生物丘微相岩心、薄片特征

在单井剖面上,生物丘微相单层厚度较薄,因而测井曲线上识别较困难,通常自然伽马值表现为低值线型,电阻率值略有升高(图4-11)。

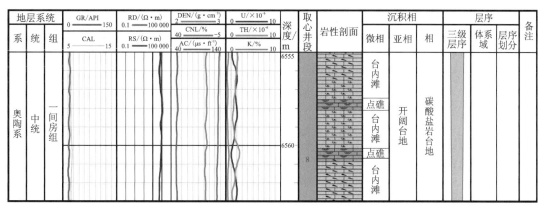

图4-11 艾丁25井开阔台地生物丘微相岩性剖面及测井响应特征

2. 地震相特征

开阔台地相地震反射特征主要表现为中—弱振幅、低—中频、连续性较好,内部具有平行—亚平行反射结构,外形呈席状,它代表了低能稳定且成层性较好的地层发育特征,台地内为极弱振幅-空白反射(图4-5),说明沉积环境较稳定。

三、台地边缘相

台地边缘相就是浅水台地与深水斜坡相邻的部分,主要位于开阔台地向海的一侧,该相区水体能量高,通常是礁滩相较发育的区域。岩性主要为浅灰色、灰色亮晶砂屑灰岩、颗粒灰岩以及泥质灰岩、泥晶灰岩。塔北地区奥陶系良里塔格组、鹰山组和蓬莱坝组均有发育。进一步可将台地边缘亚相划分为滩间海和台缘滩2个微相。

1. 岩性、测井相特征

1)滩间海微相

滩间海微相为台地边缘高能环境下相对能量较低的地区,其特点为颗粒含量较少,岩石类型为泥晶灰岩和含生屑、砂屑泥晶灰岩(图4-12)。

在单井剖面上,自然伽马曲线为中值,相较于台缘滩相偏高,低电阻率值,高声波时差值(图4-13)。

2)台缘滩微相

台缘滩微相位于台缘礁后的浅水高能环境中,盐度正常,海水循环良好,氧气充足,是碳酸盐岩台地向外海扩展的重要组成部分。岩性以颗粒灰岩为主,常见鲕粒灰岩及其他包粒灰岩。颗粒分选、磨圆较好;可见大型腹足类、双壳类化石碎屑和棘皮类、腕足类等碎片,主要分布于良里塔格组。

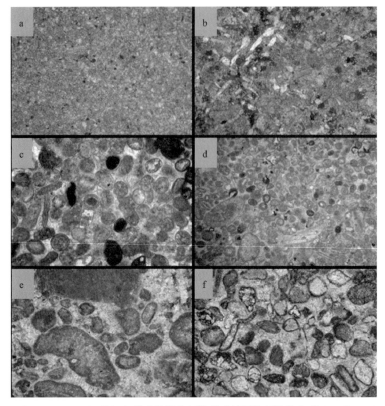

a. 沙110,O_3l,6 040.00m,2.5X(—),粉砂质泥晶灰岩,代表滩间海相沉积;b. 沙110,O_3l,6 105.00m, 2.5X(—),粉晶硅化泥晶灰岩,代表滩间海相沉积;c. 沙110,O_3l,6 084.31m,2.5X(—),红色亮晶鲕粒灰岩,代表台缘滩相沉积;d. 沙110,O_3l,6 088.28m,2.5X(—),红色砂屑鲕粒灰岩,代表台缘滩相沉积;e. 沙108,O_3l,5 876.53m,2.5X(—),晶粒化藻砂屑灰岩,以葛万藻屑为主,代表台缘滩相沉积;f. 沙108,O_3l,5 863.53m,2.5X(—),亮晶藻砂屑灰岩,可见蠕孔藻、绿藻屑、藻砂屑,代表台缘滩相沉积。

图 4-12 台地边缘相薄片镜下特征

在单井剖面上,自然伽马曲线呈低值微齿化,电阻率曲线呈升高趋势。

2. 地震相标志

在地震剖面上,台地边缘相的地震发射特征为亚平行、中—弱振幅、连续性一般,向斜坡方向逐渐为丘状的杂乱状、中—强振幅、连续性一般、中频反射特征(图 4-14),说明泥质含量逐渐增多。

四、淹没台地微相

淹没台地微相是由于构造运动海平面上升使得台地被淹没而形成的一种沉积相,整体显示较深水沉积环境,主要沉积泥质灰岩、瘤状灰岩、泥灰岩等。岩心观察、镜下薄片显示生物

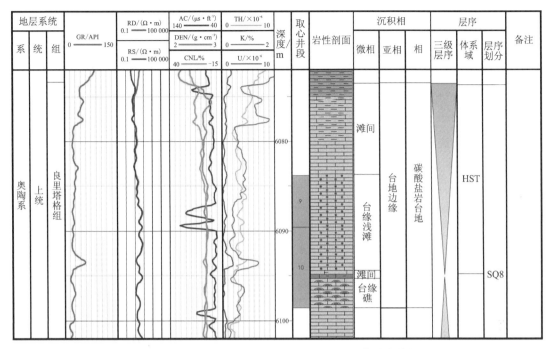

图 4-13　沙 110 井台地边缘相岩性剖面及测井响应特征

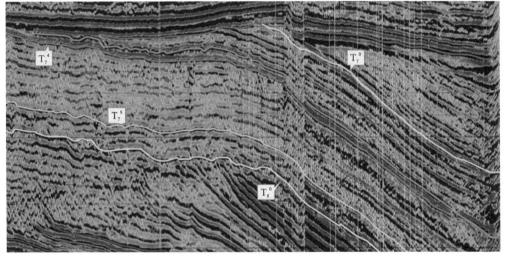

图 4-14　台地边缘地震相特征

碎屑以薄壳介形虫为主,浅水生物不发育。淹没台地相广泛发育在塔北地区奥陶系恰尔巴克组,通常在该组底部为生屑泥晶灰岩,富含小型薄壳类生物碎屑,含有较为丰富的海绿石,与之共存的生物组合为一些双壳类、腹足类生物(图 4-15)。

在单井剖面上,淹没台地微相容易识别,自然伽马值通常表现为高值(4-16)。在地震剖面上,淹没台地微相不易识别出来。

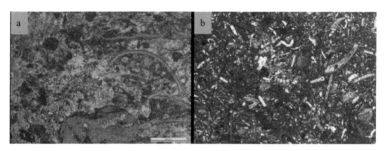

a. 于奇 1X,O_3q,7 196.50m,2.5X(−),淹没台地相的生物碎屑；
b. 于奇 1X,O_3q,7 205.00 m,2.5X(−),介屑泥晶灰岩中的海绿石。

图 4-15 淹没台地相岩心、薄片特征

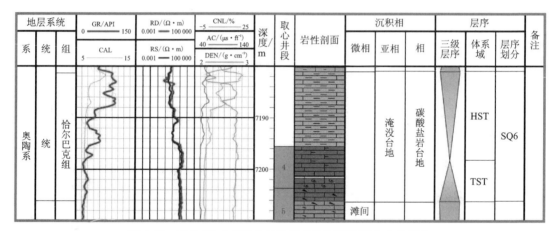

图 4-16 于奇 1X 井淹没台地微相岩性剖面及测井响应特征

五、斜坡相

台地斜坡是沉积在向海一侧的碳酸盐岩台地边缘斜坡，一般发育在浪基面和氧化界面之间。浅水碳酸盐岩碎屑和深灰色、灰色泥灰岩、灰质泥岩是其主要岩性，滑塌作用的堆积物是其主要的沉积特征。

斜坡相由上斜坡和下斜坡两个亚相组成。上斜坡由陆架过渡沉积到碳酸盐岩台地，其沉积范围较广，主要沉积在高于氧化界面的浪基面附近，岩性主要为灰色泥灰岩，可见灰色灰质泥岩。下斜坡主要位于斜坡的末端，较上斜坡窄，一般位于浪基面和氧化界面之间。微相有泥质灰泥、灰泥以及盆地泥。岩性主要为灰色泥岩、灰质泥岩。在塔北地区奥陶系良里塔格组、一间房组、鹰山组和蓬莱坝组均有发育。

台缘斜坡相沉积物不稳定，基质为灰泥，含较多的碳酸盐岩台地滑塌的碎屑，而陆源碎屑一般较少，仅有一些粉砂质与碳酸盐灰泥或碎屑岩混积(图 4-17)。

在单井剖面上，斜坡相的测井曲线特征一般表现为中—高值自然伽马曲线，起伏较剧烈，电阻率曲线为中—高值，声波时差曲线呈尖峰状，起伏剧烈，多为中—高值(图 4-18)。

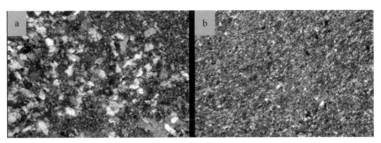

a. 沙110井,O_3l,6 140.20 m,2.5X(一),泥粉晶硅质岩,岩石中有云母碎片;

b. 沙110井,O_3l,6 150.00m,2.5X(一),泥质粉砂岩。

图 4-17 斜坡相薄片镜下特征

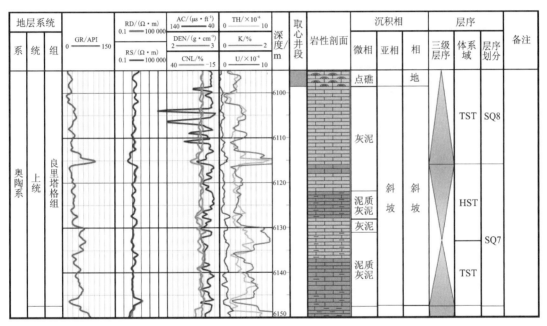

图 4-18 沙110井斜坡相岩性剖面及测井响应特征

六、盆地相

1. 岩性、测井相特征

本次研究根据沉积物源的补给程度,又可将盆地相划分为补偿盆地和欠补偿盆地2个亚相,而每个亚相根据沉积物的不同又可分为盆地泥、粉砂质泥、泥质灰泥微相。

补偿盆地相对于欠补偿盆地,沉积物源补给充分,沉积速率较大,沉积厚度更厚,在尉犁1井可见到补偿盆地亚相,主要发育在奥陶系中上统却尔却克组。岩性主要以深灰色泥岩、灰色粉砂质泥岩为主,夹薄层灰色泥质粉砂岩和灰黄色泥岩。

欠补偿盆地沉积物补给充分,沉积速率慢,沉积厚度小,在塔北地区奥陶系桑塔木组、良里塔格组、黑土凹组和突尔沙克塔格组均有欠补偿盆地相发育。岩性主要为深灰色、灰色泥岩、含灰泥岩以及灰质泥岩。

2. 地震相标志

塔北地区奥陶系盆地相区多沉积灰泥、泥质灰泥,因而在地震剖面上表现为中—弱振幅,较连续的亚平行地震相,连续性由西向东变好,在盆地相区发育特征清晰的楔状前积体,代表着海底扇的地震相应特征(图4-19)。

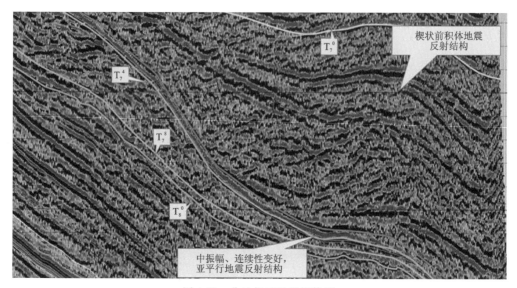

图4-19 盆地相区地震相特征

第四节 沉积相的横向变化

在认识了塔北地区奥陶系沉积格架的基础上,结合钻井、地震剖面上的三级层序,沉积相划分以及三级层序格架分析,建立了研究区奥陶系三级层序格架下的沉积相连井剖面图(图4-20～图4-22)。

1. 中—下奥陶统

由于中—下奥陶统时期塔北地区构造活动相对稳定,地形较为平坦,沉积上维持西台东盆的格局,塔北西部陆源碎屑缺乏,发育典型的碳酸盐岩台地相区(高志前等,2005),向东逐渐发育斜坡和盆地相,水深逐渐加大,碎屑物质增多。蓬莱坝组沉积时期台地内主要为局限台地相沉积,至鹰山组沉积时期,台地内由西向东从局限台地相过渡为开阔台地相,一间房组沉积时期,整个台地内部均为开阔台地相,呈现出明显的海进沉积模式。由于开阔台地沉积能量较低,高能量的滩体沉积可能与浪基面附近的波浪作用有关,越靠近台地边缘,高能量的台内滩明显增多,在台地边缘相区,鹰山组上部发育大规模台缘滩。

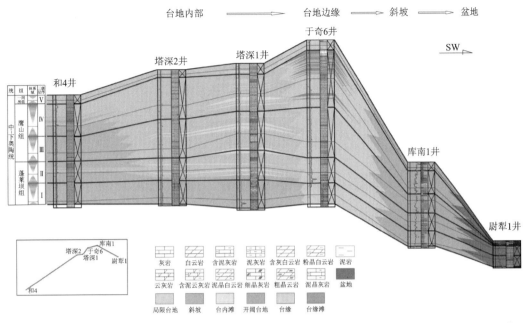

图 4-20 塔北地区中—下奥陶统三级层序格架内沉积相连井剖面图

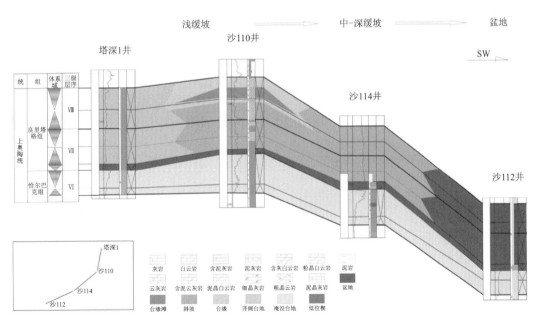

图 4-21 塔北东部上奥陶统三级层序格架内沉积相连井剖面图

2. 上奥陶统

塔北地区上奥陶统西部的泥质含量比东部少,碳酸盐岩有变纯的趋势。恰尔巴克组沉积时期,由于受挤压扰曲影响,海平面相对上升,塔北地区则表现为相对沉降,碳酸盐岩台地因海水淹没使得整个恰尔巴克组演变为淹没台地相沉积。良里塔格组沉积时期,台地规模变

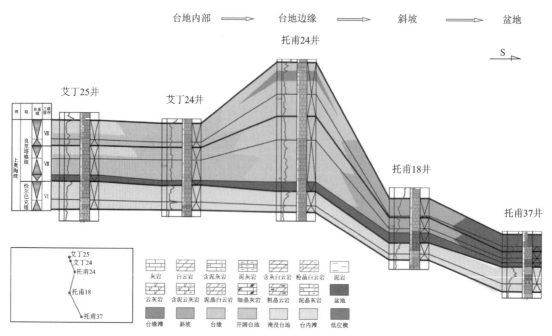

图 4-22　塔北西部上奥陶统三级层序格架内沉积相连井剖面图

小,以含泥的碳酸盐岩沉积物发育为特征,北部发育典型碳酸盐台地相区。而 SQ6 之后,海平面上升速率减缓,沉积水体变浅时,碳酸盐岩生长率增大,使得泥质含量减少。碳酸盐岩的分隔作用使陆源悬浮泥质在岩石中呈分散状产出,塔北地区 SQ7 的底部广泛发育一套以泥灰岩为主的低位体系域。塔北东北部主要为浅缓坡沉积,往西南部逐渐相变为中—深缓坡和盆地相,沉积厚度也逐渐减薄;塔北西部北边发育典型的碳酸盐岩台地相区,往东南为台地边缘相,最南部逐渐相变为斜坡、盆地相,沉积厚度在台缘相区明显增厚,向南急剧减薄。

第五节　沉积相平面展布

以前文对沉积相的划分为基础,结合前人对塔北地区奥陶系岩相古地理的认识成果,通过厚度图、单井沉积相解剖图以及研究区 200 余条地震剖面分析,编制了塔北地区奥陶系沉积相平面展布图。

1. 蓬莱坝组沉积相展布(SQ1-SQ2)

结合研究区 T_7^8-T_8^0 厚度图以及地震剖面图发现,蓬莱坝组沉积时期,塔北地区继承了寒武系西台东盆的沉积格局,由西向东发育局限台地相、台地边缘相、斜坡相以及盆地相。

根据前人研究,塔北地区在轮台断裂附近的部分钻井揭示了一套寒武系—奥陶系喷发玄武岩(图 4-23),前人研究认为是板内裂陷岩浆活动产物,而且岩浆源区物质组成受到了明显的俯冲洋壳的混染和影响。玄武岩在地震剖面上表现为强振幅、连续的反射结构,将寒武系与奥陶系清晰地分开。

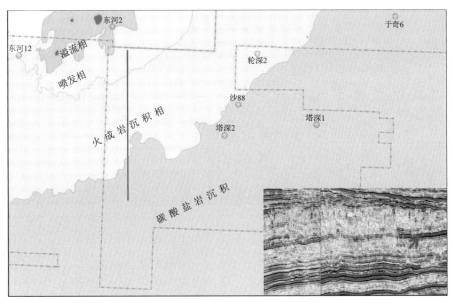

图 4-23 蓬莱坝组底部火山岩地震反射特征

根据单井沉积相分析,库南1井钻遇斜坡相滑塌角砾岩,说明西部存在斜坡相,而英南1井发育一套深水盆地低速率沉积的沉积物,证明满加尔坳陷区盆地相的存在。塔深1、塔深2、于奇6以及沙88井都可以见到云岩发育,反映沉积环境为局限台地潮坪相。沿塔深2~塔深1~于奇6~库南1~英南1井的连井对比图(图4-20)可以发现水体由西向东逐渐加深,依次发育局限台地相、台地边缘相、斜坡相和盆地相。

由于研究工区大,钻遇蓬莱坝组的钻井很少,因此主要的研究方法还是地震剖面的沉积相识别。将 T_8^0 界线拉平,台缘斜坡上覆地层明显向翼部上超,且台地边缘相的地震反射特征表现出明显较台地内部斜坡层序厚度增大。以此识别出台地、台缘和斜坡的边界点(图4-24)。

根据前面的研究发现,区内东部库南1~阿满1~英买1井连线一带发育向东凸出的条带状上斜坡相带,在这个斜坡带以东依次为下斜坡相和盆地相带,上斜坡以西发育一条狭长的条带状台地边缘相带,再往西的广大地区均为局限台地沉积。

在局限台地内部,除受寒武系继承性发育的阿瓦提断裂的阿满1井附近发育的一套潟湖相沉积物,局限台地内其他区域均发育潮坪微相。沉积相平面展布见图4-25。

2. 鹰山组下部沉积相平面展布(SQ3)

通过对单井的研究,鹰山组岩性由下往上由白云岩、灰质云岩过渡为云质灰岩、灰岩,反映后期水体逐渐加深,局限台地也逐渐变小直至消失。鹰山组按层序划分方案,分为下部(SQ3)和上部(SQ4)。

在地震剖面上,根据图4-24,SQ3时期较蓬莱坝组沉积时期,台地边缘向台地方向有很小的迁移。随着水体加深,盆地相带逐渐向西扩大。

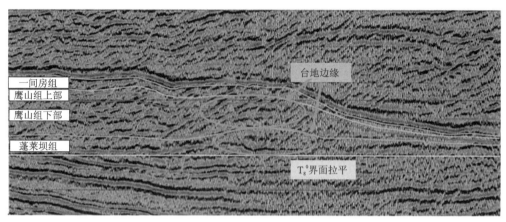
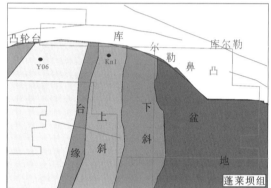
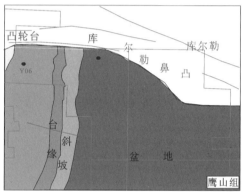

图 4-24 塔北地区蓬莱坝组、鹰山组台缘界线地震识别图

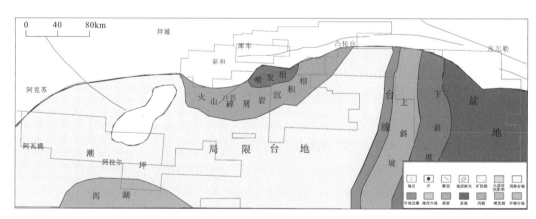

图 4-25 蓬莱坝组沉积相平面展布图

局限台地相的地震反射特征为振幅较强、连续性一般—较差，与开阔台地弱振幅、连续性差有明显的差异（图 4-26）。再结合钻井资料，区内钻遇 SQ3 的塔深 2～塔深 1～于奇 6～库南 1～尉犁 1 井连线可以反映由西向东依次发育开阔台地、台地边缘、斜坡和盆地相带（图 4-20）。

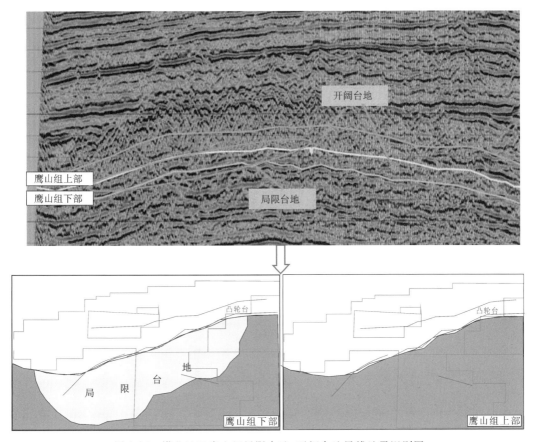

图 4-26 塔北地区鹰山组局限台地、开阔台地界线地震识别图

鹰山组下段继承了蓬莱坝组的沉积格局，根据厚度图以及单井、地震资料等分析，其沉积边界和地层缺失与蓬莱坝组基本一致。但沙88井在SQ3时期仍然沉积一套局限台地的白云岩，说明沙88井区域可能仍为局限台地相沉积。地震、钻井结合研究发现，在英买10～热甫P3～托甫18～沙75连线以内发育呈向南凸出的马蹄状局限台地相带。沉积相平面展布见图4-27。

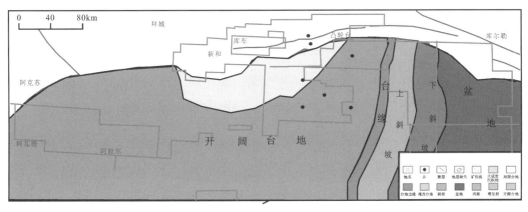

图 4-27 鹰山组下部沉积相平面展布图

3. 鹰山组上部沉积相平面展布（SQ4）

鹰山组上部（SQ4）是在 SQ3 的沉积格局之上继续发育的,因而其地层缺失,以及西台东盆的格局都几乎没有改变。但由于受海平面持续上升的影响,台地内部 SQ3 时期的局限台地区域也逐渐演变为开阔台地纯灰岩的沉积。地震分析图（图 4-26）和钻井沉积相层序格架图（图 4-20）都可以证实鹰山组上部沉积时期整个台地都为开阔台地相沉积。沉积相平面展布见图 4-28。

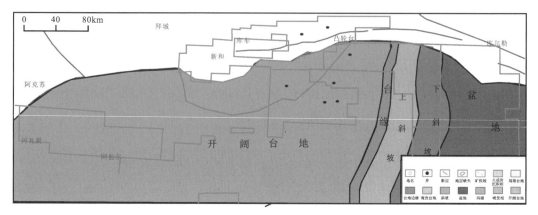

图 4-28 鹰山组上部沉积相平面展布图

4. 一间房组沉积相平面展布（SQ5）

受加里东中期构造运动抬升影响,塔北地区北部遭受严重剥蚀。研究的单井中,除了斜坡内的库南 1 井和盆地中的尉犁 1 井,其余井均揭示开阔台地的发育,区内钻遇一间房组的塔深 2～塔深 1～于奇 6～库南 1～尉犁 1 井连线可以反映塔北东部地区由西向东依次发育开阔台地、台地边缘、斜坡和盆地相带（图 4-20）。在地震剖面上,将 T_8^0 界面拉平,台地边缘在外形上与台地内部和前缘斜坡整体呈阶梯状,台地台缘斜坡上覆地层明显向翼部上超,以此识别出台地、台缘和斜坡的边界点（图 4-29）。

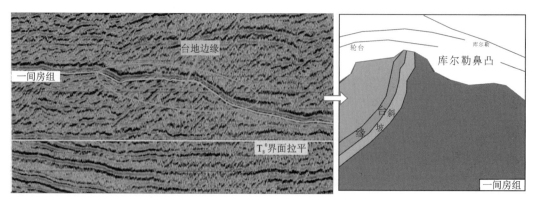

图 4-29 塔北地区一间房组东台缘界线地震识别图

研究区西部由于井资料的缺乏,只能依靠地震相进行分析研究。台地边缘相的地震反射特征表现出明显较台地内部、斜坡层序厚度增大,台缘斜坡上覆地层明显向翼部上超(图4-30)。

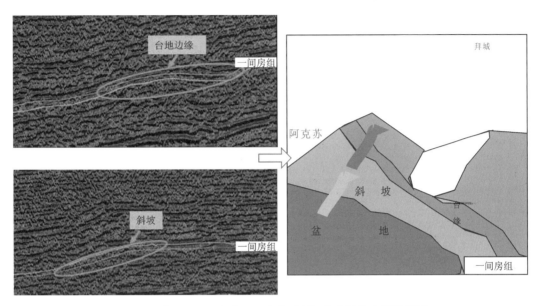

图4-30 塔北地区一间房组西台缘-斜坡-盆地界线地震识别图

上述研究表明,一间房组在研究区中部发育开阔台地相,围绕台地在东西两侧发育台缘、斜坡和盆地。台地西侧沿阿北1-满西1连线,东侧沿于奇8-鹰4连线发育台缘带。一间房组沉积时期由于水体仍在不断加深,因此区内东部台缘斜坡带较鹰山组上部沉积时期更窄,盆地相区继续向西扩大。沉积相平面展布见图4-31。

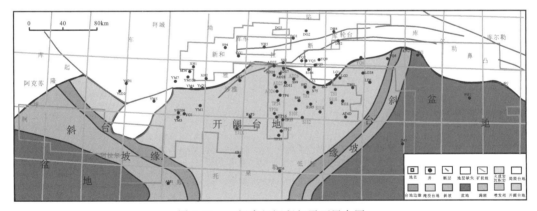

图4-31 一间房组沉积相平面展布图

5. 恰尔巴克组沉积相平面展布(SQ6)

恰尔巴克组在地震剖面上极难识别追踪,因此该时期的沉积相平面图主要是参考区域构造背景以及单井资料的分析,在一间房组沉积相平面图基础上进行修改编制的,因此地层缺失以及界线位置与一间房组基本一致。

恰尔巴克组沉积时期,受挤压扰曲影响、海平面相对上升,塔北地区则表现为相对沉降,使得一间房组时期的开阔台地相区转变为一套以瘤状灰岩、泥质灰岩为主的淹没台地沉积相带。向东部和西部的方向,之前的台缘被海水淹没,演变为斜坡-盆地相沉积。钻井资料以及层序格架下的沉积相展布(图 4-21、图 4-22)也可以证实这一时期发育淹没台地相。沉积相平面展布见图 4-32。

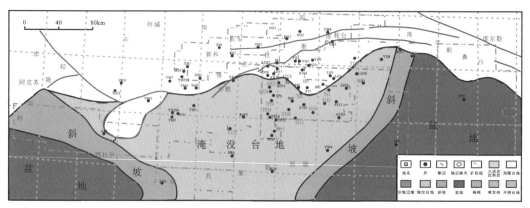

图 4-32 恰尔巴克组沉积相平面展布图

6. 良里塔格组沉积相平面展布(SQ7-SQ8)

良里塔格组是在一间房组、恰尔巴克组沉积期经受构造抬升形成地貌及台地分布格局的基础上沉积的。综合单井资料可以发现,台地的分布与前期相似,但台地延伸范围受到了限制。在地震剖面上,台缘、斜坡以及盆地相的一条强振幅、连续性好的同相轴呈阶梯状依次减薄,台缘、斜坡减薄的界线点尤为明显(图 4-33)。

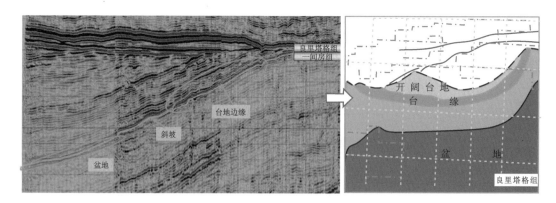

图 4-33 塔北地区东部良里塔格组台缘、斜坡、盆地界线地震识别图

在塔北地区西部,由于钻井较少,因此主要根据地震剖面来研究沉积相的平面展布。在南西-北东走向的地震剖面上,可以见到地震反射到盆地相区时有明显的层序厚度减薄特征,并且盆地内部地震反射特征为振幅强、连续性好,与两侧的振幅一般、连续性较好的斜坡相有明显的区别(图 4-34)。

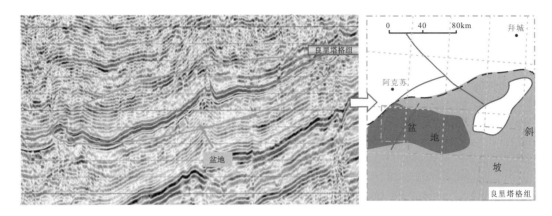

图 4-34 塔北地区西部良里塔格组斜坡、盆地界线地震识别图

综上,根据对 T_7^2-T_7^4 厚度图以及对单井、地震资料的分析,在良里塔格组沉积时期,塔北地区北部剥蚀更严重,形成了驼峰状的外形(图 4-35)。北部识别出了沿英买 4～托甫 24～沙 108～沙 111～于奇 8 井一线至剥蚀区呈"马蹄状"展布的台缘相带。在台缘线以下,形成斜坡两侧发育盆地的沉积格局,满加尔坳陷与阿瓦提一带都为深海盆地相沉积。沉积相平面展布见图 4-36。

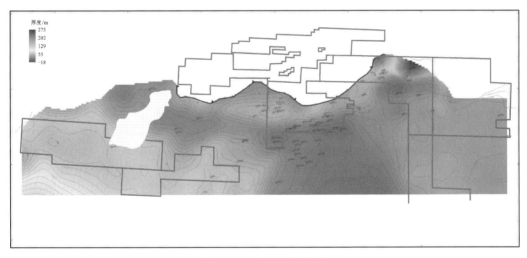

图 4-35 T_7^2-T_7^4 厚度图

7. 桑塔木组平面展布(SQ9-SQ10)

桑塔木组岩性总体以陆源碎屑为主,碳酸盐岩次之。因此,该时期不作为本次重点研究的对象。根据前人研究,桑塔木组沉积时期,随着海水的大规模侵入,碳酸盐岩台地被淹没,取而代之的是混积陆棚相发育。

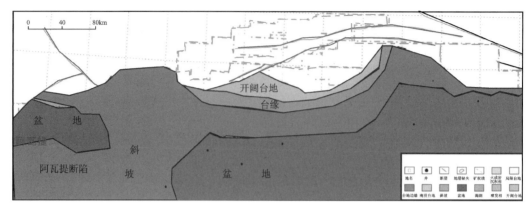

图 4-36 良里塔格组沉积相平面展布图

第六节 沉积演化模式

由于碳酸盐岩对环境有很强的敏感性,碳酸盐沉积物本身也可以改造并形成特定的沉积环境。因此,结合本区的区域地质背景,从岩心、测井数据、地震分析等方面建立对比研究,根据碳酸盐沉积、控制碳酸盐沉积的环境因素、台地剖面以及沉积相特征,将塔北地区奥陶系的沉积演化模式分为 3 个阶段:①早—中奥陶世蓬莱坝组、一间房组(SQ1-SQ5)沉积时期为弱镶边陡坡型碳酸盐岩台地沉积模式;②晚奥陶世早期恰尔巴克组(SQ6)沉积时期为淹没型碳酸盐岩台地沉积模式;③晚奥陶世中晚期良里塔格组(SQ7-SQ8)沉积时期研究区东部为缓坡型碳酸盐岩台地沉积模式,西部为镶边型碳酸盐岩台地模式。图 4-37 展示了研究区奥陶系碳酸盐岩台地沉积演化模式。

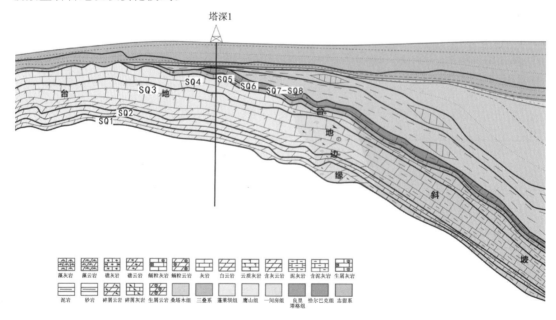

图 4-37 塔北地区奥陶系沉积演化模式图

1. 弱镶边陡坡型碳酸盐岩台地沉积模式（SQ1-SQ5）

塔北地区在早—中奥陶世继承了寒武系时期的弱镶边陡坡型碳酸盐岩台地模式，随着海平面的持续上升，沉积环境由局限台地潮坪相演变为开阔台地滩间、台内滩相沉积，岩性也由厚层的白云岩逐渐演变为云质灰岩和纯灰岩，这种追补型碳酸盐岩生长模式，SQ1-SQ5 沉积时期，在台地边缘形成退积结构。

在地震剖面上，SQ1-SQ5 时期，由台地向斜坡地层厚度迅速减薄，构成了明显的楔状体。台地边缘具有逐层退覆的退积特征，这与早奥陶世晚期海平面快速上升，台地被逐渐淹没，使得地层分布收缩有关。

同时镶边陡坡型台地一个显著的特点是台缘礁滩发育，但由于下奥陶统钻遇井较少，因此没有能揭示生物礁相的钻井，只有局部井有台缘滩的发育。但根据地震剖面解释，下奥陶统发育台地边缘的丘型地震相，代表台缘礁滩的发育。中奥陶统一间房组在钻井剖面上可见到镶边台地边缘的礁滩体发育，沉积亮晶颗粒灰岩以及生物礁灰岩。

2. 淹没型碳酸盐岩台地沉积模式（SQ6）

恰尔巴克组（SQ6）受挤压扰曲影响，海平面相对上升，塔北地区则表现为相对沉降，使早—中期的镶边陡坡型碳酸盐台地被淹没，沉积一套较深水的瘤状泥灰岩沉积。台地沉积模式演变为淹没型碳酸盐岩台地沉积模式。

3. 缓坡型与镶边型碳酸盐岩台地模式（SQ7-SQ8）

恰尔巴克组（SQ6）沉积期后，海平面逐渐下降，至良里塔格沉积初期，沉积了一套相对浅水的灰岩、泥质灰岩；良里塔格组中期，海平面升高，沉积了一套泥质灰岩、灰质泥岩；至晚期海水逐步退出，一些地区沉积浅水灰岩、泥质灰岩、灰质泥岩。直至海水退出后接受短暂的暴露与剥蚀。这一期间受加里东中期运动的强烈影响，使塔北地区形成了北高南低的构造总格局，同时各地地形也不尽相同，对沉积物也存在较大影响。

通过对上奥陶统的分区研究，以沙 112 井为界的南北向大断裂分隔的东、西部地区，在钻井剖面、岩心、地震剖面、层序格架以及沉积相各方面都有所差异。

西部的艾丁 24、艾丁 25、托甫 24、沙 108 等井在岩心、薄片上能见到礁滩相沉积物，地震剖面上，具有明显的前积现象，反映了高能浅滩相带向斜坡-盆地迁移的特点。对层序格架分析发现，台地沉积厚度向南边盆地相区迅速变薄，但在台地边缘带厚度增厚明显（图 4-22），说明浅滩发育在台缘带，构成镶边台地。因此，本次研究认为以沙 112 井为界的南北向大断裂西部地区良里塔格组为镶边型碳酸盐岩台地沉积模式。

而通过对东部的研究发现，塔深 1、沙 110 等井都缺乏礁滩相沉积物，并且在层序格架图上也没有发现台缘带的厚度有明显增厚的现象（图 4-21），通过对地震剖面的解剖，没有发现代表生物礁的丘型地震反射，并且没有明显的台缘坡折，表现为一个局部缓倾斜坡，见到低角度的"S"形前积结构。因此，以沙 112 井为界的南北向大断裂西部地区良里塔格组为缓坡型碳酸盐岩台地沉积模式。

第五章 储层特征描述

第一节 碳酸盐岩储层

碳酸盐岩储层在世界油气分布中占有重要地位。由碳酸盐岩储层构成的油气田常常储量大、产量高,容易形成大型油气田。世界目前所确认的7口日产量达到1万t以上的油井,都是碳酸盐岩储层。波斯湾盆地,利比亚的锡尔特盆地,墨西哥、俄罗斯地台上的伏尔加-乌拉尔含油气区,北美地台区的密歇根盆地、伊利诺伊盆地、二叠盆地、西内部盆地和辛辛那提隆起,加拿大阿尔伯塔地区等世界重要产油气区的储层都是以碳酸盐岩为主的。在我国,四川盆地和鄂尔多斯盆地的碳酸盐岩层系中也发现了大中型气田。

碳酸盐岩的储集空间,通常分为原生孔隙、溶蚀孔隙和裂缝三大类。据此可把碳酸盐岩储层划分为孔隙型、溶蚀型、裂缝型和复合型。与砂岩储层相比,碳酸盐岩储层储集空间类型多、次生变化大,具有更强的复杂性和多样性。

一、碳酸盐岩原生孔隙的形成与分布

1. 原生孔隙的类型及其成因

碳酸盐岩原生孔隙类型包括粒间孔隙、粒内孔隙(生物体腔孔隙)、生物骨架孔隙、鸟眼孔隙和晶间孔隙等类型。原生孔隙的发育受岩石的结构和沉积构造控制。

粒间孔隙是指各种碳酸盐颗粒之间的孔隙。其孔隙度的大小与颗粒大小、分选程度、灰泥基质含量和亮晶胶结物含量有密切关系,是鲕粒灰岩、生物碎屑灰岩和内碎屑灰岩等颗粒石灰岩常具有的孔隙。世界上有相当多的碳酸盐岩油气储集层的孔隙属于这种类型。

粒内孔隙(生物体腔孔隙)是指碳酸盐颗粒内部的孔隙,生物灰岩常具有这种孔隙,故又称为生物体腔孔隙,如腹足类介壳的体腔孔隙。个别鲕粒内部也有这类孔隙。这种孔隙的绝对孔隙度可以很高,但有效孔隙度不一定大,必须有粒间或其他孔隙与它连通,使得体内孔隙彼此相通才有效。

生物骨架孔隙是由原地生长的造礁生物如群体珊瑚、层孔虫、海绵等在生长时形成的坚固骨架,在骨架之间所留下的孔隙,孔隙形状随生物生长方式而异,在骨架之间构成疏松多孔的结构,如各种生物礁灰岩,常具有高的孔隙度和渗透率。

鸟眼孔隙是一种透镜状或不规则状孔隙,常成群出现,平行于纹层或层面分布。鸟眼构造留下的孔隙,常比粒间孔隙直径大,多发育在潮上或潮间带,在成岩后期,因气泡、干缩或藻

席溶解而成,是网格状或窗孔状孔隙的一种类型。

晶间孔隙是指碳酸盐岩矿物晶体之间的孔隙。砂糖状白云岩具有这种孔隙。颗粒细小的灰泥灰岩,虽然也有晶间孔隙,孔隙数量很多,绝对孔隙度也可以很大,但与黏土岩相似,由于孔径太小,所以有效孔隙度很低。晶间孔隙可以是沉积时期形成的,但更多的是在成岩后生阶段因重结晶作用、白云岩作用而形成的。晶间孔隙虽有较高的绝对孔隙度,但若无其他孔隙连通时,有效孔隙度是很低的。

2. 原生孔隙的分布

碳酸盐岩中原生孔隙的发育与原来岩石的岩性有密切关系。例如,最常见的粒间孔隙发育在各种颗粒石灰岩中,同砂岩相似,其孔隙度和渗透率与颗粒大小、分选程度关系密切,与灰泥基质含量成反比关系;晶间孔隙大小与晶粒大小及均匀性关系密切;各种生物孔隙的大小与生物个体大小和排列状况有关。

岩性受沉积环境控制,碳酸盐沉积物中,原生孔隙网络主要取决于沉积环境中动能的高低。因此在碳酸盐岩发育区,储集层分布在垂向地层剖面上有一定的层位,在平面分布上有一定范围。孔隙发育的岩石,多是一些粗结构的石灰岩,如粗粒屑石灰岩、粗晶石灰岩、生物灰岩。在沉积相带上都是属于高能环境,例如,滨海、浅海大陆架的浅滩、堤岛环境,还有坳陷边缘斜坡和局部隆起。礁滩沉积,在沉积旋回上属于海退阶段的沉积,因此在垂向剖面上,储集层处于两次海进之间的海退层序。

二、碳酸盐岩溶蚀孔隙的形成与分布

溶蚀孔隙,又称溶孔,是碳酸盐矿物或其伴生的易溶矿物被地下水、地表水溶解后形成的孔隙。溶孔的特点是形状不规则,有的承袭了被溶蚀颗粒原来的形状,边缘圆滑,有时在边壁上见有不溶物残余。溶解作用产生的孔隙既可发生于后生阶段,如不整合面下的岩溶带,也可发生于成岩晚期和成岩早期(准同生阶段),后者一般多见于近岸浅水地带沉积物暴露于水面的时候。

溶孔的类型包括粒内溶孔、溶模孔隙、粒间溶孔和溶洞。溶洞是指溶解作用超出了原来颗粒的范围,不再受原来组构的控制,形成一些大小不等、形状不规则的洞穴。在溶孔或溶洞的内壁上,常沉淀有晶簇状的方解石或其他矿物的晶体,因此又称为晶洞孔隙。

在碳酸盐岩孔洞的形成中,地下水的溶解作用具有重要意义。溶孔和溶洞的发育程度,主要取决于岩石本身的溶解度和地下水的溶解能力。

1. 碳酸盐岩的溶解度

碳酸盐岩溶解度与其成分的 Ca/Mg 比值、其所含黏土的数量、颗粒大小、白云岩化程度、重结晶程度等因素有关。

碳酸盐岩溶解度的大小与其 Ca/Mg 比值有密切关系。在地下水富含 CO_2 的一般情况下,溶解度与 Ca/Mg 比值成正比关系,即石灰岩比白云岩易溶。我国西南地区室内试验表明,若以纯石灰岩的溶解度为 1,则白云岩的溶解度介于 $0.4\sim0.7$ 之间。因此,在通常情下,石灰岩比白云岩更容易产生溶蚀孔洞。

但是,在某些特殊情况下,如地下水中富含硫酸根离子时,白云石的溶解度会大于方解石。在这种地区,白云岩中的溶蚀孔洞比石灰岩中更为发育。

碳酸盐岩中不溶残余物(主要是黏土)的含量,对溶解有很大影响,二者成反比关系,即碳酸盐岩的溶解度随黏土含量的增大而减小。如四川乐山震旦系白云岩中孔洞发育的层位,其不溶残余物含量小于1%;当含量超过10%时,很少见有大溶孔。

根据上述岩石成分的两方面影响,碳酸盐岩的溶解度按下列顺序递减:石灰岩→白云质灰岩→灰质白云岩→白云岩→含泥石灰岩→泥灰岩。

岩石的组构和构造对碳酸盐岩的溶解度也有影响。一般来说,随着颗粒变小,溶解度降低。这是由于颗粒或晶粒较细的碳酸盐岩含有黏土物质较多,包裹着方解石或白云石颗粒,使地下水不易直接与这些碳酸盐矿物接触,自然被溶解的机会就减少。粗粒结构的碳酸盐岩中,黏土含量较少,再者其粒间孔隙或晶间孔隙较大,地下水比较容易通过,易于产生溶蚀孔洞。

一般在厚层至中层状碳酸盐岩中孔洞发育好,薄层与非碳酸盐岩相组合的地层孔洞发育差。这是因为厚层碳酸盐岩一般是在相对稳定的环境下沉积的,不溶残余物含量较少,质纯,易产生孔洞。薄层碳酸盐岩一般为不稳定环境下的沉积,含不溶残余物较多,降低了溶解度;而且在这种岩层组中,常伴有致密的黏土岩或泥灰岩与之成互层或夹层,妨碍地下水的运动,也不利于孔洞的形成。

2. 地下水的溶解能力

地下水的溶解能力是由地下水的性质和运动状态决定的。地下水并不是纯水,经常含有CO_2、H_2S、HCO_3^-、SO_4^-、O_2、Ca^{2+}、Mg^{2+}等溶质,其中以CO_2最普遍,对碳酸盐岩的被溶解能力影响最大。

当地下水中含有CO_2时,水溶液呈酸性;随着CO_2溶解量的增加,溶液的pH值降低,当其降至3.2时,便成为较强的酸性水,对碳酸盐岩的溶解能力大大增强。当这种地下水在碳酸盐岩地层中流动时,便逐渐将岩石溶解,并形成重碳酸盐被地下水带走。反之,当水中缺乏CO_2时,则发生碳酸盐沉淀作用,堵塞孔隙,胶结岩石。

另外,岩石的溶蚀程度还与地下水的温度和压力有密切关系。曾经对碳酸盐岩样品进行淋溶试验,结果表明温度升高,淋溶物质数量增大。因此,地下水对碳酸盐岩的溶蚀能力同地温条件也有密切关系,一般认为,地温每增加10℃,溶蚀程度可能增加2倍(表5-1)。

表5-1 温度对碳酸盐岩淋溶作用的影响

温度/℃	淋溶时间	每小时内每克样品淋溶数量/mg		
		$MgCO_3$	$CaCO_3$	$CaMg(CO_3)_2$
25	5h45min	0.20	0.42	0.62
50	4h30min	0.22	0.69	0.91

3. 地貌、气候和构造的影响

地下水运动是造成溶蚀作用发育的重要原因,而地下水的运动却又与地貌、气候和构造等因素有关。

地貌上,溶蚀带在河谷和海、湖岸附近地区较为发育,因为这些地区是泄水区和汇水区,地下水浸泡溶蚀时间长,这些地区的碳酸盐岩层内部往往发育有很大的暗河。

气候上,温暖潮湿的地区,溶蚀作用最为活跃。

从构造角度观察,在不整合古风化壳地带,由于长期沉积间断,岩石出露地表遭受风化剥蚀,地表水沿断层、裂缝渗入地下,产生大量溶孔、溶洞、溶缝、溶道,形成规模巨大、错综复杂的溶蚀空间,称为岩溶带。如果构造运动使该区长期、不匀速上升;在上升快的时期,岩溶发育较差;上升缓慢时期,岩溶发育较好,这样好坏交替,就会形成多层岩溶带,在垂向上发育的厚度和深度连续且较大。如果该区经历了多次沉积间断,有若干个不整合面,则相应可形成数个岩溶发育带。当然,在张性断层经过的地区,张性裂缝多,岩体破碎,有利于地下水进出。从现代岩溶调查来看,岩溶带紧随断层分布,岩溶与断层的关系比河流与断层的关系更为密切。对于褶皱而言,背斜、向斜的不同部位,岩溶发育程度也是不同的,一般情况下,向斜轴部岩溶最发育,褶皱轴部比翼部岩溶发育,但是在背斜倾没端、向斜翘起端,尤其是各类褶皱构造的交会部位,岩溶最发育。另外,地层产状是水平、倾斜或直立,岩层的组合方式(如透水层与不透水层的组合形式)等,均对溶洞的延伸方向、排列和规模有一定影响。如有多层透水层与非透水层间互组合时,可形成多层岩溶带,各岩溶带厚度受上、下不透水层限制。

所以,岩溶带的发育和分布受多种因素控制,既要综合考虑,又要结合各地地质情况具体分析。

岩溶带发育的深度视不同地区和不同地质时代而异。从我国东部岩溶分布来看:现代岩溶带所及深度一般在100~200m,甚至更浅些;新近系、第四系埋藏的洞穴可达到千米左右深度,地质时代更老的岩溶带可达2~3km之深。岩溶带的厚度变化也很大,要视区域构造运动发育情况、古地貌、古水文地质情况以及岩层性质和组合情况而定,少者几米至几十米,多者数百米甚至上千米不等。

华北地区的奥陶系沉积以后,整体上升,经过长期沉积间断,古岩溶发育良好,涉及的层位较多,厚度可能很大。只要邻近地层有油源供给,该地层便是岩溶性油气藏形成的良好区域。

4. 其他成岩后生作用的影响

(1)白云岩化作用。一般来说,石灰岩被白云岩化作用以后,晶粒增大,岩性变疏松,孔隙度和渗透率大大增加。关于这个原因有多种假说。过去曾认为白云石交代方解石是分子交换,白云石晶体体积要比方解石晶体体积缩小12%~13%,因此石灰岩发生白云岩化后,孔隙体积会增加12%~13%。后来有人反对上述假说,认为白云石交代方解石,是等体积交换。近来又有人反对上述两种假说,主张溶解学说,即当下伏岩层中有富镁岩石时,地下水经过会从中带走较多的镁离子,往上运动到达上面石灰岩地层时,溶解方解石,沉淀出白云石。在这白云石交代方解石过程中,溶解作用大于沉淀作用,产生溶蚀孔隙,并且由于晶粒增大,晶间孔径变大,都会使白云岩化石灰岩的孔隙度和渗透率增加。

(2)重结晶作用。碳酸盐岩在成岩后生作用阶段,因温度和压力不断增加,会发生重结晶作用,晶体变粗,孔径增大,晶间孔隙变大,有利于形成溶蚀孔隙。重结晶作用首先从文石开始,因此,由文石组成的生物骨架、鲕粒和灰泥基质部分最容易发生重结晶。

(3)去白云石化作用。当含硫酸钙的地下水经过白云石发育地区时,将交代白云石,产生次生方解石,形成去白云岩化的次生石灰岩。方解石晶粒变粗,孔隙度增大,但分布比较局限,常呈树枝状或透镜状出现于白云岩中。

三、碳酸盐岩裂缝的形成与分布

裂缝是碳酸盐岩中储集空间的一种重要类型,我国西南地区一些碳酸盐岩油气田的形成往往与裂缝有关,伊朗著名的阿斯马利石灰岩油气储集层,也是裂缝型的。

依据成因,裂缝可分为构造裂缝、成岩裂缝、沉积-构造裂缝、压溶裂缝、溶蚀裂缝。

构造裂缝指岩石受构造应力的作用,超过其弹性限度后破裂而成的裂缝。它是裂缝中最主要的类型。构造裂缝的特点是边缘平直,延伸较远,具有一定的方向和组系。构造裂缝还可以进一步按构造力学性质分为压性裂缝、张性裂缝、扭性裂缝、压扭性裂缝和张扭性裂缝。

成岩裂缝指在成岩阶段,由于上覆岩层的压力和本身的失水收缩、干裂或重结晶等作用形成的裂缝,也可称为原生的非构造裂缝。成岩裂缝的特点是分布受层理限制,不穿层,多平行层面,缝面弯曲,形状不规则,有时有分支现象。

沉积-构造裂缝指在层理和成岩裂缝的基础上,再经构造力形成的裂缝,如层间缝、层间脱空、顺层平面等。

压溶裂缝由成分不太均匀的石灰岩,在上覆地层静压力下,受富含CO_2的地下水沿裂缝或层理流动,发生选择性溶解而成,如缝合线。

溶蚀裂缝指由于地下水的溶蚀作用,已扩大并改变了原有裂缝的面貌,难以判断原有裂缝的成因类型者,统归入溶蚀裂缝,又可简称为溶缝或溶道。溶缝可辨认原来裂缝的形状和分布,溶道为溶缝的进一步发展,已辨不出原来裂缝了。溶蚀裂缝在古风化壳上最为发育,由于长期的淋滤和溶蚀作用,可形成多种形式的溶蚀裂缝,其特点是:形状奇特,可呈漏斗状、蛇曲状、肠状、树枝状等,其中往往有陆源砂泥或围岩岩块等充填物。大的溶缝溶道往往是和大的溶洞相连的,二者结合,形成很大的储集空间。

裂缝的成因类型不同,分布规律和控制因素也不一样,以下重点介绍构造裂缝和沉积-构造裂缝发育的控制因素及分布规律,因为它们常常是碳酸盐岩中油气运移的主要通道。

1. 裂缝发育的岩性因素

裂缝发育的内因主要取决于岩石的脆性。岩性不同,脆性不一样,裂缝发育程度也不一样。脆性大的岩层裂缝发育。岩石脆性是受岩石的成分、结构、层厚及其组合、成岩后生变化等因素的影响。各类碳酸盐岩和化学岩的脆性由大到小有这样的顺序:白云岩或泥质白云岩→石灰岩、白云质灰岩→泥灰岩→盐岩→石膏。碳酸盐岩中泥质含量增加时,会降低岩石的脆性,减弱裂缝的发育。相反,硅质含量增加时,会增加岩石的脆性,有利于裂缝的发育。质纯粒粗的碳酸盐岩脆性大,易产生裂缝,并且开缝较多。生物灰岩中,介壳含量较高、排列又整齐者,裂缝密度较大;结晶灰岩中,结晶粗的脆性比结晶细的大。薄层状的碳酸盐岩中裂缝的密度较大;但裂缝的规模较小,容易产生层间缝和层间脱空,特别是夹于厚层中的薄层更易如此;厚层状碳酸盐岩中裂缝的密度较小,但裂缝的规模较大,且以立缝和高角度斜裂缝为主。白云岩化作用使石灰岩变为白云岩,晶粒由细变粗,会增加岩石的脆性,使裂缝易于发生。

2. 裂缝发育的构造因素

控制裂缝的构造因素,主要是作用力的强弱、性质、受力次数、变形环境和变形阶段等。一般情况是受力强、张力大、受力次数多的构造部位裂缝发育,相反则差;同一碳酸盐岩中,在常温常压的应力环境下裂缝发育,在高温高压环境下裂缝则发育较差;在一次受力变形的后期阶段,裂缝的密度大、组系多,前期阶段则相应的较小或少。这些条件的时空配合,控制着裂缝的分布规律。

1)背斜构造上裂缝的分布

背斜构造上裂缝的分布,视褶皱的类型而异。

在狭长形长轴背斜构造上,裂缝沿长轴成带分布,在高点最发育,裂缝以张性纵缝(裂缝走向平行于褶皱轴线)为主,高点部位尚有张性横缝(裂缝走向垂直褶皱轴线)和层间脱空;两翼不对称者,张性横缝偏于缓翼,轴线扭曲处的外侧,张性横缝发育。

在短轴背斜上,裂缝沿轴部分布,在高点最发育。裂缝的组系和发育程度与褶皱强度有关,平缓的低丘状,以一对共轭的斜裂缝为主,裂缝发育程度相对较差;高丘状者,既有斜裂缝,又有张性纵缝和横缝,发育程度也较高。这类背斜在被断层复杂化时,裂缝的分布也随之而变化。

在箱状背斜上,裂缝在肩部最发育,其次在顶部。在肩部既有张性纵缝,又有扭性缝,还有层间脱空;在平缓的顶部,以两级斜裂缝为主,如弯曲增大时,则发育纵缝和横缝。

在穹隆状背斜上,裂缝发育区集中在顶部;裂缝组系以一对斜交缝为主,并纵缝和横缝发育,组成放射状,向顶部集中。

总之,背斜的高点、长轴、扭曲和断层带等部位,都是裂缝最发育的地方。因此,搞清地下构造形态,是提高钻探成功率的关键。

2)向斜地带裂缝的分布

向斜地带裂缝的发育程度与褶皱强度有关,这是同背斜地带的相似处。但是,背斜与向斜中应力的分布不一样,裂缝的类型和性质也不同。例如,从剖面上看,背斜的上部张扭性裂缝发育,下部压扭性裂缝发育;向斜则与之相反,上部压扭性裂缝发育,下部张扭性裂缝发育。所以,向斜地带储集层下部裂缝很发育,在向斜部位钻探时,要尽可能钻穿储集层底部,揭开张扭性裂缝带。

3)断层带上裂缝的分布

从广义上说,断层也是裂缝的一种类型,不过断层两侧的岩块已发生显著位移而与裂缝相区别。在断层发育过程中,由于位移滑动引起的应力,会促使老裂缝进一步发育,并形成一些新裂缝。断层带上裂缝的发育和分布有如下规律:低角度断层引起的裂缝比高角度断层的更为发育;断层组引起的裂缝比单一断层引起的发育;断层牵引褶皱的拱曲部位裂缝最发育;断层消失部位,由于应力释放而引起的裂缝也很发育;紧靠断层面附近,为角砾缝带,缝大小视断层的性质而异,张性断层比压扭性断层的大。羽状裂缝发育于角砾缝外侧,在张性裂缝和扭性裂缝也有发育。

第二节 储层基本特征

一、储层岩石学特征

塔北地区奥陶系鹰山组～一间房组岩石类型主要为灰岩,偶见硅质灰岩。根据岩石成分、结构特征,塔北地区奥陶系主要碳酸盐岩岩石类型包括泥晶灰岩(含颗粒泥晶灰岩)与颗粒灰岩(包括泥晶颗粒灰岩和亮晶颗粒灰岩)两种(图 5-1),其中颗粒类型包括内碎屑、生屑、藻屑等,生屑以棘屑为主,含有腕足、三叶虫等。根据岩心资料统计,塔北地区一间房组储层主要为礁滩相沉积的砂屑灰岩和生物礁灰岩,亮晶颗粒灰岩类约占 78%;鹰山组一段储层主要为开阔台地沉积的泥晶灰岩夹砂屑灰岩,亮晶颗粒灰岩类约占 42%,泥晶灰岩类约占 36%。

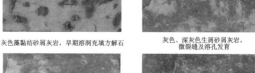

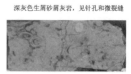

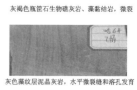

图 5-1 塔北地区奥陶系碳酸盐岩岩心照片图

二、储集空间特征

钻录井资料、岩心和薄片以及成像测井资料分析表明：塔北地区奥陶系鹰山组～一间房组储集空间类型多样，大小级别差异明显，按形态及大小将区内储集空间类型划分为裂缝、孔、洞三大类（图5-1，表5-2）。

表 5-2　哈拉哈塘地区奥陶系碳酸盐岩储层空间类型表

类型			大小（直径或宽度）/μm	控制作用
裂缝	压溶缝		几～几十	成岩作用
	构造缝	大缝	>1000	构造作用
		中缝	100～1000	
		小缝	10～100	
		微缝	<10	
	溶蚀缝		几～几千	溶蚀作用
孔	次生孔隙	粒间溶孔	几十～几百	组构控制的溶蚀作用为主
		粒内溶孔	几～几十	
		晶间溶孔		
		晶内溶孔		
		铸模孔		
洞	小洞		$2\times10^3 \sim 5\times10^3$	非组构控制的溶蚀作用
	中洞		$5\times10^3 \sim 10\times10^3$	
	大洞		$10\times10^3 \sim 50\times10^3$	
	巨洞		$>50\times10^3$	

裂缝有压溶缝、构造缝及溶蚀缝等（图5-2），其中构造缝与溶蚀缝对油气的运移与储存有效。构造缝通常呈组系发育；溶蚀缝主要是由地表水和地下水沿着早期的裂缝系统产生溶蚀扩大，对其进一步改造而形成的裂缝。根据裂缝的宽度可将裂缝分为大缝（>1mm）、中缝（0.1～1mm）、小缝（0.01～0.1mm）与微缝（<0.01mm）。

孔的孔径一般小于2mm，多见在数微米～数十微米之间，该空间类型又可进一步细分为粒内溶孔、粒间溶孔、晶间溶孔和铸模孔等。岩石薄片分析资料表明粒间溶孔与粒内溶孔是奥陶系储层普遍存在的储集空间，主要分布在一间房组颗粒灰岩与藻屑灰岩中，典型代表见于哈9井一间房组（图5-2）。

洞的孔径一般大于2mm，按直径大小可细分为巨洞（>50mm）、大洞（10～50mm）、中洞（5～10mm）与小洞（2～5mm）。洞大部分被方解石、泥质、有机质的一种或多种全充填或半充

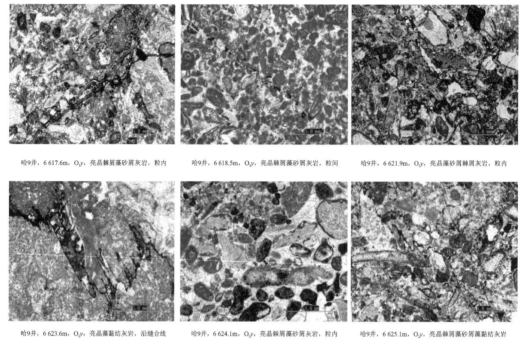

图 5-2 塔北地区奥陶系碳酸盐岩铸体薄片图版

填,部分未充填。洞在钻井过程中常发生放空、泥浆漏失、钻时明显降低。如哈 9 井在 6693～6701m 井段顶部 1m 发生放空,测井解释发育有 2.6m 洞穴层。

根据地震、测井、钻井、录井等解释结果并结合岩心观察,薄片镜下鉴定,可以把塔北地区奥陶系碳酸盐岩储层的储集空间类型划分为洞穴型、孔洞型、裂缝型、裂缝-孔洞型四种类型(表 5-3)。

表 5-3 哈拉哈塘奥陶系潜山储集空间测井响应特征统计表

测井项目	洞穴型	孔洞型	裂缝型	裂缝-孔洞型	基质	泥岩及泥质充填的洞
深浅侧向电阻率	明显低值	40～4500Ω·m	20～1000Ω·m	10～1000Ω·m	大于 1000Ω·m	小于 1000Ω·m
声波时差	明显增大	有小幅度增大,48～72μs/ft 之间	曲线平直,49～53μs/ft 之间	有小幅度增大,50～56μs/ft 之间	曲线平直、接近骨架值	曲线有起伏 60～80μs/ft
中子孔隙度	明显增大	曲线平直,接近零	曲线平直,接近零	曲线平直,接近零	曲线平直,接近零	曲线有起伏 0～6%

续表 5-3

测井项目	洞穴型	孔洞型	裂缝型	裂缝-孔洞型	基质	泥岩及泥质充填的洞
地层密度	明显低值,小于 $2.35g/cm^3$	曲线有较小幅度起伏,小于灰岩骨架值 $2.71g/cm^3$	曲线有较小幅度起伏,接近灰岩骨架值约为 $2.70g/cm^3$	曲线有较小幅度起伏,小于灰岩骨架值 $2.71g/m^3$	接近骨架值,约为 $2.71g/cm^3$	$2.65g/cm^3$ 左右,曲线有起伏
自然伽马	一般小于 15API	一般小于 15API	一般小于 15API	一般小于 15API	一般小于 15API	大于 30API
井径	严重扩径	部分有扩径现象	部分有扩径现象	部分有扩径现象	井径接近钻头直径	一般都有扩径

1. 洞穴型储层

洞穴型储层以洞穴为储集空间,该类储层在钻进过程中常发生放空、泥浆漏失等现象(表 5-4)。哈 9 井为洞穴型储层的典型代表井,钻进到鹰山组 6693~6701m 时,顶部放空 1m。测井响应特征表现为:大型溶洞在 EMI 或 FMI 图像上为全暗色;随泥质充填程度增大,伽马值由低到高;深浅双侧向、微侧向数值低,且有差异;井径扩径严重;中子、密度、声波曲线变化极大(图 5-3a)。

表 5-4 塔北地区主要显示段情况统计表

井号	放空、漏失 井段/m	层位	放空漏失	距 O_3t 底/m	测井解释储层类型	测试情况 测试井段/m	折日产油/$(m^3·d^{-1})$	折日产气/$(m^3·d^{-1})$
哈 8	6 652.50~6 657.38	O_2y	漏失 56.3m^3	0	孔洞+洞穴型	6 643.33~6 679.08	121.7	10 821
哈 8	6 675.00~6 677.00	O_2y	放空 2m	6.3				
哈 11	6 729.00~6 748.00	O_2y	漏失 225m^3	0	裂缝—孔洞型+孔洞型	6 658.00~6 748.00	120.0	7584
哈 11-2	6 653.63~6 719.08	O_2y	漏失 284.8m^3		裂缝+洞穴型	6 653.63~6 719.08	176.2	18 127
哈 12	6 726.00	$O_{1-2}y^1$	漏失 124m^3	88	裂缝—孔洞型	6 615.50~6 726.00	149.0	8951
哈 7	6 626.40~6 645.24	O_2y	漏失 1 223.72m^3	20.9	裂缝—孔洞型	6 622.41~6 645.24	301.0	4696
哈 7-1	6 604.0~6 617.0	O_2y	漏失 236m^3			正试油		

续表 5-4

井号	放空、漏失			距 O_3t 底/m	测井解释储层类型	测试情况		
	井段/m	层位	放空漏失			测试井段/m	折日产油/(m³·d⁻¹)	折日产气/(m³·d⁻¹)
哈 701	6 617.68~6 618.00	O_2y	放空 0.32m,漏失 98m³	3.68	裂缝—孔洞型	6 557.89~6 618.00	121.7	5990
哈 9	6 693.00~6 701.00	$O_{1-2}y^1$	顶部放空 1m,溢流 0.7m³	80.5	孔洞型	6 598.11~6 710.00	279.6	11 623
哈 601	6 670.58~6 677.00	O_2y	漏失 823.45m³	4.58	裂缝—孔洞型	6 598.23~6 677.00	54.0	180
哈 601-2	6 664.72	O_2y	漏失 69.40m³	19.7		6 556.0~6 664.72	139.4	12 453

2. 孔洞型储层

孔洞型储层以溶蚀孔洞为主要储集空间,多以开阔台地台内滩高能相带为发育基础,横向上具有层状展布特征,一间房组为孔洞型储层集中发育段,区内绝大多数井均钻遇这套储层。该类储层孔隙度较好,但渗透率较差,产能较低,以哈 6C 井一间房组为典型。

该储层类型在 EMI 或 FMI 图像上表现为不规则暗色斑点状分布,伽马值低—中等;深浅双侧向差异不明显,微侧向或微球形聚焦曲线有起伏;井径在孔洞较为发育段扩径明显;中子、密度、声波曲线变化较大(图 5-3b)。

3. 裂缝型储层

裂缝型储层主要储集空间为裂缝和少量沿层分布的溶孔。测井响应特征表现为 EMI 或 FMI 图像上为黑色正弦曲线;伽马值一般较低;深浅双侧向具有明显差异,微侧向或微球形聚焦测井在裂缝段较双侧向有较多的起伏,且在双侧向电阻率背景上来回变化;井径微扩,中子、密度、声波曲线变化不大,接近骨架测井值(图 5-3c)。

4. 裂缝-孔洞型储层

裂缝-孔洞型储层以次生溶蚀孔洞为主要储集空间,裂缝兼具渗滤性和储集性,主要起沟通孔洞的作用。成像测井上可明显看出裂缝沟通孔洞,或孔洞沿裂缝发育的特征。该类储层空间上呈准层状发育,主要分布在中奥陶统开阔台地相沉积,尤以一间房组颗粒灰岩最为发育。该类同时具有较好的储集能力,为研究区重要的储层类型,含油气性较好。该储层类型电性特征上表现为低阻、低伽马,声波、中子、密度具跳变特征(图 5-3d)。

根据塔北地区 17 口井的成像测井、10 井钻井漏失储层段统计,塔北地区奥陶系碳酸盐岩储层的 4 种储集空间类型中,裂缝-孔洞型占 53%、孔洞型占 24%、洞穴型占 15%、裂缝型占 7%(图 5-4)。

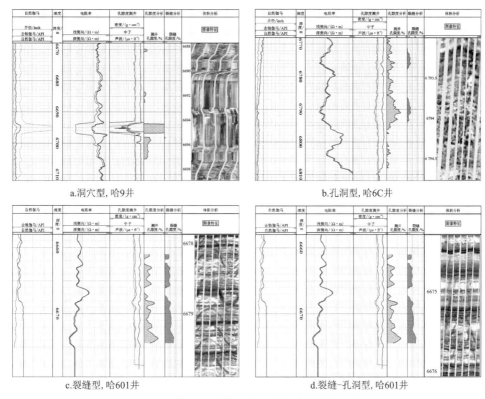

图 5-3 塔北地区储层类型测井响应特征图版

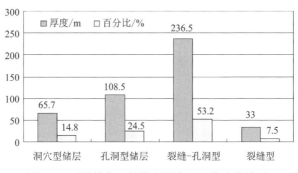

图 5-4 不同储集空间类型厚度及百分比统计图

三、储层物性特征

1. 岩心物性分析

塔北地区 7 口井在奥陶系鹰山组一段～一间房组取心,进尺 64.01m,取心 36.57m,收获率 57.1%,但现仅 1 口井(哈 9 井)完成奥陶系岩心孔渗分析。孔渗分析结果表明:塔北地区奥陶系一间房组岩心孔隙度变化在 1.13%～3.88% 之间,平均值 2.73%,主峰位于 2%～3% 之间(表 5-5,图 5-5);渗透率变化在 0.31～$21.39×10^{-3}\mu m^2$ 之间,平均值 $2.56×10^{-3}\mu m^2$,主峰位于 0.1～$1×10^{-3}\mu m^2$ 之间(图 5-6)。

表 5-5　塔北地区奥陶系测井物性及岩心物性统计表

井号	层位	测井孔隙度					测井渗透率					测井裂缝孔隙度	
		最大值/%	最小值%	集中分布区/%	平均值/%	样品数/个	最大值/$\times 10^{-3} \mu m^2$	最小值/$\times 10^{-3} \mu m^2$	集中分布区/$\times 10^{-3} \mu m^2$	平均值/$\times 10^{-3} \mu m^2$	样品数/个	均值/%	样品数/个
哈8	一间房组~鹰山组	50.053	0.023	>10	20.89	161	1.638	0.001	0.01~3	0.339	51	0.008	61
哈11		5.965	0.807	1.8~4.5	2.75	172	0.22	0.001	0.01~3	0.035	130	0.059	172
哈12		4.141	0.646	1.8~4.5	2.22	276	25.004	0.001	>3	4.874	232	0.091	276
哈10		4.318	0.095	<1.8	1.157	820	0.136	0.001	0.01~3	0.02	357	0.01	820
哈7		4.99	0.31	1.8~4.5	2.69	145	0.61	0.002	0.01~3	0.11	136	0.45	145
哈701		4.117	0.155	1.8~4.5	1.93	119	3.634	0.004	0.01~3	0.21	119	0.08	119
哈9		72.395	0.501	1.8~4.5	3.65	765	0.126	0.001	0.01~3	0.013	372	0.008	755
哈13		2.536	0.503	<1.8	1.27	834	2.665	0.001	0.01~3	0.276	565	0.02	975
哈601		6.739	0.117	1.8~4.5	2.568	122	0.376	0.001	0.01~3	0.038	85	0.098	122
哈601-4		3.0	0.5	<1.8									
哈6C		6.83	0.5	1.8~4.5	1.95	415	0.177	0.001	0.01~3	0.02	177	0.01	526
哈6		4.33	0.001	<1.8	0.83	685	0.054	0.001	<0.01	0.005	191	0.006	465

在塔北地区奥陶系一间房组灰岩储层的孔渗交会图上，孔隙度与渗透率相关性不明显，储集空间主要为基质孔（图 5-7）。该特征可能与储层物性的局限性有关。基质低孔低渗，无渗流能力，基质不是塔北地区主要储集空间。

2. 测井物性分析

塔北地区 17 口井测井，除哈 16 井外测井资料均合格。同时，由于塔北地区现完钻 20 口井中有 10 口井漏失或放空而中途完井，井底漏失段测井未测到，不能进行测井物性分析，因此，完钻的高产、稳产井的优质储集空间的孔隙度、渗透率测井未解释，不能进行测井物性分析。

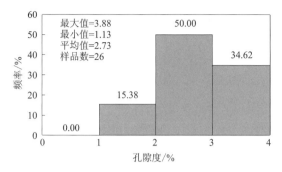

图 5-5 塔北地区奥陶系岩心孔隙度直方图

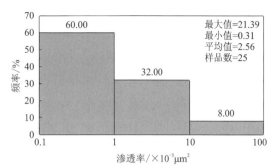

图 5-6 塔北地区奥陶系岩心渗透率直方图

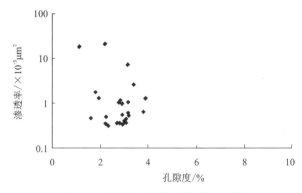

图 5-7 塔北地区奥陶系孔渗交会图

对塔北地区钻井一间房组～鹰山组测井解释物性孔隙度、渗透率统计分析表明(表5-5)，塔北地区一间房组～鹰山组孔隙度变化范围是 0.117%～12.0%，平均值 2.42%；渗透率变化范围是 $0.001～25.004×10^{-3}\mu m^2$。各井孔渗对比分析表明，横向上各井储层物性差异较大，哈 6、哈 10、哈 13 井孔隙度集中区均小于 1.8%，哈 6C、哈 7、哈 9、哈 11、哈 12 和哈 601 井孔隙度较高，为 1.8%～4.5%(图 5-8)；渗透率差异不明显，除哈 6 井外，其他各井渗透率在 $0.01^{-3}×10^{-3}\mu m^2$ 左右的约占 50%(图 5-9)。

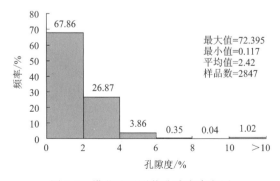

图 5-8 塔北地区测井孔隙度直方图

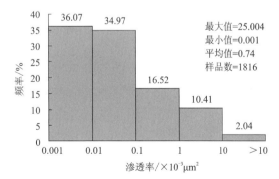

图 5-9 塔北地区测井渗透率直方图

3. 试井渗透率分析

对塔北地区的哈 11 和哈 12 井的压力恢复资料进行处理和分析，计算得到，哈 11 井储层渗透率 $992\times10^{-3}\mu m^2$；哈 12 井缝储层渗透率 $201\times10^{-3}\mu m^2$。

四、测井储层评价标准

根据中石油碳酸盐储层评价通用标准，综合确定塔北地区奥陶系储层评价标准，将该地区奥陶系碳酸盐岩储层分为三类（表 5-6）。

表 5-6 测井储层评价标准表

类别	有效孔隙度/%	裂缝孔隙度/%	渗透率/$\times10^{-3}\mu m^2$	毛管门槛压力/MPa
Ⅰ	≥4.5	≥0.1	≥3.0	≤1.0
Ⅱ	1.8~4.5	0.04~0.1	0.01~3.0	2~8
Ⅲ	<1.8	<0.04	<0.01	>8

Ⅰ类储层：测井解释有效孔隙度≥4.5%，裂缝孔隙度≥0.1%，渗透率≥$3.0\times10^{-3}\mu m^2$，毛管门槛压力≤1.0MPa，储层类型有裂缝型、裂缝孔洞型、洞穴型。这类储层中裂缝、孔洞、洞穴储集空间比较发育，孔洞、洞穴是主要的储集空间，裂缝是沟通洞穴和孔洞的主要通道。因此，孔隙度、渗透率都比较高，储层的品质好，是获得高产油气流的最有效储层。

Ⅱ类储层：测井解释有效孔隙度为 1.8%~4.5%，裂缝孔隙度为 0.04%~0.1%，渗透率为 $0.01\sim3.0\times10^{-3}\mu m^2$，毛管门槛压力为 2~8MPa，储层类型有孔洞型、裂缝孔洞型。本区内的Ⅱ类储层是由微裂缝和晶间孔、晶间溶孔、粒内溶孔共同组成的微裂缝—孔隙储渗体，岩石孔隙度比较低，但渗透率远远大于划分标准，因此，Ⅱ类储层经酸化压裂改造可以获得工业油气流的有效储层。

Ⅲ类储层：Ⅲ类储层属滩间海沉积的致密泥晶灰岩层段，测井解释有效孔隙度<1.8%，裂缝孔隙度<0.04%，渗透率<$0.01\times10^{-3}\mu m^2$，毛管门槛压力>8MPa，孔、洞、缝均不发育，属于非储层。

对塔北地区完钻井测井解释成果数据进行统计表明：哈 8、哈 12、哈 7 井Ⅰ类储层发育；哈 15、哈 11-1、哈 12-1、哈 12-2、哈 10、哈 9、哈 601-1、哈 601-3、哈 601-4、哈 6C、哈 13 井Ⅱ类储层发育；9 口井（哈 8、哈 11、哈 11-2、哈 12、哈 701、哈 7、哈 7-1、哈 601、哈 601-2）未测到井底漏失段（图 5-10）。

从目前 17 口已试油井、13 口试采井分析可见：钻揭Ⅰ类储层井（如哈 12、哈 7 井等）一般高产稳产；钻揭Ⅱ类储层井（如哈 601-4、哈 12-1 井等）酸压投产，一般中—高产；钻揭Ⅲ类储层井（如哈 6C 井等），试油为干井。综合分析，塔北地区Ⅰ、Ⅱ类储层均为有效储层。

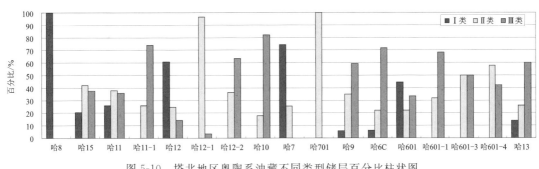

图 5-10 塔北地区奥陶系油藏不同类型储层百分比柱状图

第三节 岩溶储层纵向分布特征

塔北地区奥陶系一间房组岩溶储层经历了漫长的成岩改造，具有丰富的成岩现象，岩溶储层纵横向分布规律复杂。

一、岩溶古地貌、古水系对缝洞型储集体的形成具有控制作用

由一次较大幅度的侵蚀基准面下降所引发的溶蚀作用，称为一个岩溶旋回。岩溶旋回还包括由一次较大幅度的海(水)平面相对上升所发育的岩溶作用。因此，多次的侵蚀基准面下降(或上升)将发育多个岩溶旋回及多个洞穴层，上下多个洞穴层形成的先后次序关系为洞穴层序次。

岩溶作用的多期性控制了岩溶旋回和岩溶序列的发育，每一期岩溶作用形成一个岩溶旋回，每个岩溶旋回形成一个岩溶序列。在垂向岩溶发育地层剖面中，一个完整的岩溶序列应该包括地表岩溶带、渗流岩溶带和潜流岩溶带。但是，由于多期岩溶作用，前期形成的岩溶随地壳进一步抬升，遭受剥蚀而部分缺失，后期岩溶作用在残余渗流带或潜流带基础上进行，造成垂向上不同岩溶序列的叠加，产生不同岩溶带的叠加。这种后期岩溶作用对前期岩溶的改造，形成了岩溶序列的交替性和复杂性。构造抬升侵蚀基准面随海(水)平面间歇性升降过程可形成多套洞穴层(图5-11)。

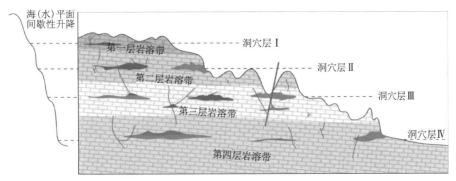

图 5-11 海(水)平面升降周期性变化与洞穴层形成序次关系模式图

模式的建立，揭示了岩溶储层发育的基本规律，为地震上精确预测储层提供了地质框架。轮古西奥陶系碳酸盐岩受多期构造运动的影响，经历了不同地质时期的表生阶段。根据轮古

西的勘探井、开发井和潜山油气藏综合分析结果可知,轮古西表生期岩溶作用以加里东和海西期的奥陶系岩溶最为重要,因而轮古西奥陶系潜山岩溶十分发育。

根据前期构造运动期次分析结果可知,轮古西地区至少存在两期岩溶作用旋回。单井岩溶带划分结果表明,本区两个岩溶旋回是地壳两次抬升,海平面相对下降造成的,下部旋回形成时间晚,对上部旋回有一定的改造作用。在构造抬升之后的相对稳定期,岩溶作用形成了层状分布的水平潜流带,稳定的潜水面使岩溶发育具有足够的时间,从而达到一定规模,第一期岩溶旋回稳定的海平面持续时间相对较短,因此,上部旋回岩溶化程度低,洞穴规模小。第二期岩溶稳定海平面持续时间较长,下部旋回岩溶化程度高,发育大型地下暗河。

轮古西地区划分出了2个岩溶台面,并至少识别出了4个排泄基面,2个亚流域主干水系仅在排泄基准面1和2分别控制了2个岩溶台面瓦解过程中流域岩溶地下水的排放。排泄基准面3和4实际上已移至区外,该时期全区主干水系已变成干谷。通过对井下实钻地质剖面岩溶缝洞系统的分析,依据排泄基准面模式,将本区溶蚀作用分为两期。

早期岩溶:海西早期受南北向区域性挤压应力的作用,轮古西地区大面积抬升暴露,遭受风化剥蚀,长期的暴露风化使本区奥陶系潜山岩溶十分发育。

后期岩溶:海西末期该地区再次抬升—暴露—风化—剥蚀,岩溶向纵深发育,第一期岩溶形成的表层岩溶带出露位置相对升高,遭受一定风化剥蚀,上部渗流岩溶带部分充当新的表层岩溶带,而其垂直渗流带和水平潜流带接受第二期岩溶的再改造,形成新的渗流岩溶带、潜流岩溶带,潜山风化壳储层厚度进一步加大,从而使岩溶发育具有多期叠加特征。

二、岩溶储层纵向分布特征

轮古西发育的多层洞穴,主要受控于构造抬升和海平面升降。本书在确定洞穴划分标准的基础上(主要根据测井曲线特征、成像测井、单井解释及取心资料综合分析等),对轮古西56口单井进行了单井精细洞穴识别,在已有岩溶模式的指导下(图5-12),通过对多条不同方向连井的剖面分析,结合地震资料,将轮古西潜山岩溶划分为四套岩溶储层(图5-13、图5-14),其中第二套岩溶洞最发育,溶洞个数最多;第三、四套岩溶洞钻遇井数少,但洞穴规模大,具体特征分述如下。

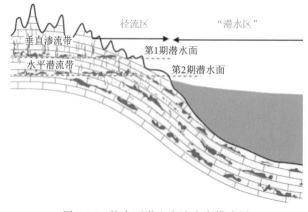

图5-12 轮古西潜山岩溶发育模式图

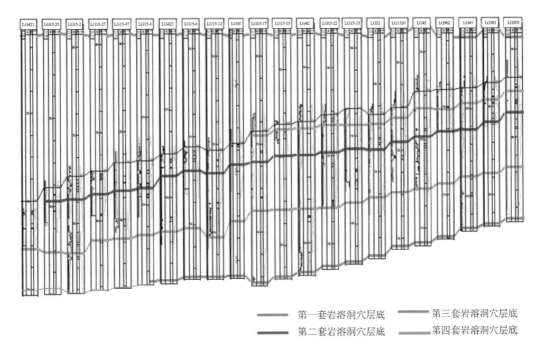

图 5-13　LG421～LG903 奥陶系鹰山组古潜水基准面对比图

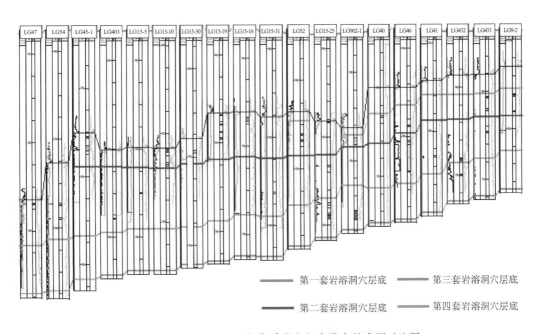

图 5-14　LG47～LG9-2 奥陶系鹰山组古潜水基准面对比图

第一套岩溶洞穴大致相当于第一期岩溶作用的表层岩溶带被剥蚀残留部分,主要分布于轮古西南东岩溶台地区,由于第一期岩溶持续时间较短,表层岩溶洞穴不发育,其发育于明河上游,水动力较弱,洞穴发育相对较为孤立,规模最小,以裂缝孔洞型储层为主。

通过连井剖面分析结果可知,第二套岩溶洞最发育,溶洞个数最多,洞穴在空间上广泛发育,该层出露区主要位于岩溶斜坡区,水动力较强,广泛发育的落水洞将明河、暗河连在一起,局部与第三套岩溶洞穴叠置。连井剖面分析发现该层洞穴规模较小,但是由于其靠近潜山面,出露时间较长,被后期充填的机会少,因此其空洞率为四个岩溶层中最大,有足够多的洞穴空间且构造位置处于残丘趋势面以上,使得第二套岩溶层储层最发育,已钻的高效井多发育第二套岩溶层的半充填—未充填洞穴。

第三套洞穴层厚度较大,其相当于第一期岩溶的水平潜流带经第二期的垂直渗流作用改造而成,发育于岩溶斜坡及岩溶洼地,水动力较强,多暗河发育,主干河谷上发育大量落水洞,广泛发育的落水洞将明河、暗河连在一起。该套洞穴较为发育,规模不一,洞高从小于一米到大到几十米都有,部分井上可见洞高在30m以上的大洞穴,本套洞穴以充填洞为主,发育少量半充填—未充填洞穴。

第四套洞穴相当于第二期岩溶的水平潜流带,水动力较强,多暗河发育,由于第二期岩溶持续时间较长,海平面在此长期停留,地下暗河主干水系在轮古西地区发育,虽然已钻井打到第四套岩溶层的较少,但现有井资料显示,第四套岩溶层最易发育大型洞穴,单井洞穴最大厚度近50m。据单井资料和洞穴发育模式,推测该层岩溶洞穴最发育,但其距潜山面较远,在后期石炭系水浸过程中,最早处于海平面之下,处于滞水区时间较长,早期形成的洞穴多被后期沉积物充填,以大型充填洞穴为主。

由于奥陶系的非均匀剥蚀,本次划分的岩溶层并非完全等时沉积,岩溶层界面不完全为等时界面,主要是根据岩溶的发育规律,纵向上将其划分为四套溶洞集中分布层,以寻找岩溶空间发育规律,更好地预测岩溶储层的分布。在此次分层的基础上,应用地质统计学方法,对岩溶纵向发育规律进行研究,在研究区内第一套岩溶层多以裂缝为主,洞穴发育率低,充填程度高;第二套洞穴在该岩溶层纵向上均有发育,虽洞穴规模较小,但数量多且洞穴未充填率高,是主要的岩溶储层段;第三、四套洞穴以巨厚洞为主,且大多是在岩溶层底部最发育,但其充填率较大,第三套岩溶层在洞顶存在少量坍塌半充填洞穴储层(图5-15~图5-17)。

总的来说,第二套岩溶层构造位置较高,洞穴发育较多,且长期处于海平面以上,因此洞穴多以半充填—未充填为主,加之洞穴位于潜山趋势面之上,裂缝发育,连通性较好,具备油气运移的优势通道和有利储集空间配置,为轮古西岩溶储层油气藏的主要发育层段。第三套岩溶洞穴厚度较大,但多被充填,局部洞顶未充填—半充填,

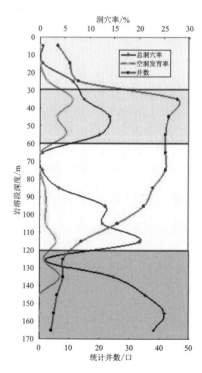

图5-15 轮古西洞穴纵向发育特征统计图

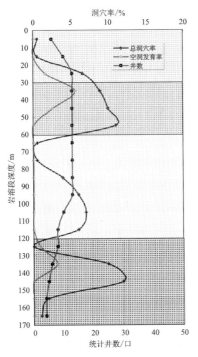

图 5-16 轮古西洞穴纵向发育特征统计图
（第一套岩溶层发育井统计结果）

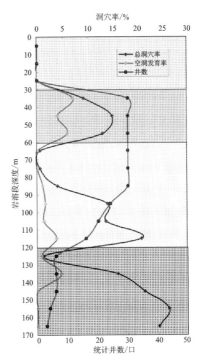

图 5-17 轮古西洞穴纵向发育特征统计图
（第二套岩溶层直接出露井统计结果）

是油气富集较为有利的区域。第四套岩溶层埋藏较深，在纵向上多处叠置。在后期海平面上升，石炭系沉积时期，其最早处于滞水区，前期形成的大型洞穴基本上被后期砂泥质等充填物完全充填，即使有少量未充填洞穴存在，由于其构造位置较低，多处于潜山趋势面之下，不利于油气聚集，故多以水层为主，纵向上为非有利区。

第四节 岩溶洞穴特征

一、单井储集体识别技术

岩溶储集层发育段在岩心、地震、测井和录井上，均有不同反映。

(1)常规测井上，在钻遇未充填洞穴时出现钻具放空、泥浆漏失等异常情况。从测井曲线看，井径扩径严重，密度降低，中子孔隙度高，伽马值低，显示未充填洞穴特征。钻遇半充填洞穴时，伽马值高，去铀伽马略微降低，充填物未压实，井眼扩径严重，密度、中子、声波受局部扩径影响，双侧向电阻率差异大，相比围岩要低。对于完全充填洞穴，井径曲线基本不变化，自然伽马和去铀伽马重叠比较好，深浅侧向电阻率差异不大，显示没有渗透性，三孔隙度曲线相比围岩略微变化；钻井时也无任何异常；测试均为干层(图 5-18)。总之，风化壳岩溶发育段，常出现井径扩大，测井解释孔隙度、渗透率、含油饱和度都有较大幅度增高的特征。

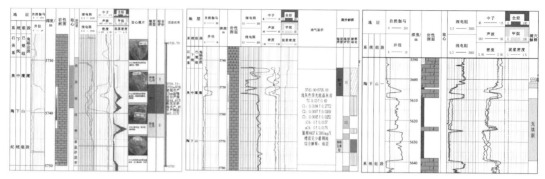

图 5-18 洞穴型储层测井特征(左:未充填 LG15;中:半充填 LG15-27;右:充填 LG46)

电成像测井上,不同充填程度的洞穴,其电成像特征是不一样的。未充填洞穴储层中电成像各极板未贴靠井壁,呈滑脱现象,测量的是泥浆流体电阻率,图像均匀;半充填洞穴由于局部井眼扩径,导致电成像极板部分贴靠井壁,呈亮暗相间的斑块状;完全充填洞穴中电成像各极板较好地贴靠井壁,其动态图像显示均匀(图 5-19、图 5-20)。

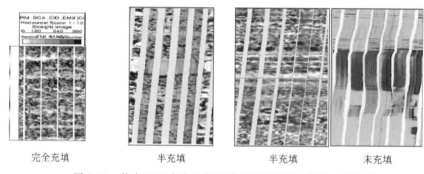

图 5-19 轮古地区碳酸盐岩不同充填程度洞穴测井响应图版

(2)录井上常出现钻速加快、放空、蹩跳钻,并有井漏、井涌现象,易见气测显示、泥浆槽面常见油花、油膜或各级荧光显示。录井上的异常变化能反映溶洞充填的程度,一般来说,钻遇半充填洞穴的钻时相对于围岩要加快速度,钻遇未充填洞穴时往往出现钻具放空、泥浆漏失、溢流等现象,而完全充填洞穴的钻时变化不明显。通过录井显示也可以判别充填程度,在未充填或半充填洞穴层段,一般有较高的气测显示或返出地层水,而完全充填洞穴没有这些特征。未充填洞穴和半充填洞穴直接测试或经过措施大多可获高产油气流,而充填洞穴测试基本都是干层。

(3)岩心上,由于未充填洞穴段钻头放空,不能取到岩心。因此在岩心观察时经常可见中小型溶蚀孔洞或者高角度裂缝被泥质充填或半充填,大型溶蚀洞穴被泥质粉细砂岩完全充填,取心亦可见洞穴溶积岩充填物。岩心资料表明轮古西地区溶洞溶缝发育,但多处被充填,充填物主要为泥质、泥砂质、砾石,导致局部储层变差,是局部钻井失利的主要因素。

(4)地震响应上,岩溶洞穴具有串珠状地震反射特征且其周边地震相杂乱反射(图 5-21),有利缝洞储集体一般位于多组断裂交会处并且弱相干特征明显(图 5-22)。

第五章 储层特征描述

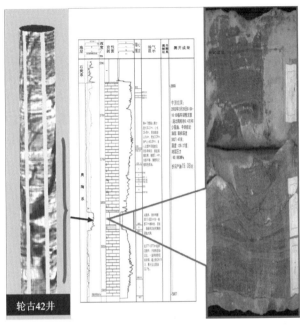

图 5-20 轮古 42 井奥陶系大型古溶洞系统钻探成果与测井响应对比图

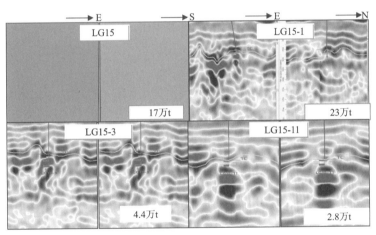

图 5-21 有利缝洞体地震响应特征

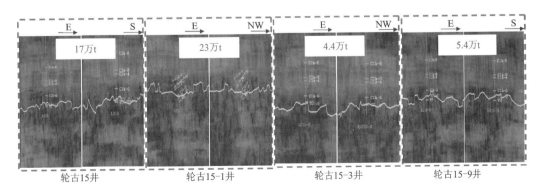

图 5-22 有利缝洞体弱相干属性特征

二、缝洞型储集体的定性预测特征

轮古西奥陶系岩溶储层受构造抬升及潜水面升降控制,从上到下发育 4 套储层,在构造抬升之后的构造相对稳定期,岩溶作用形成了层状分布的水平潜流岩溶带,同时由于差异溶蚀作用,位于岩溶地貌低部位的井,上部潜流岩溶带有可能被完全风化侵蚀,或者只是残留了一部分,以轮古 422 井最为典型,该井上部潜流岩溶带直接与表层岩溶相邻。

轮古西地区比较明显的岩溶台面主要是第二岩溶台面,第三岩溶台面实际上仅限于亚流域主干水系分布的一部分区域。

一级岩溶台面(PF1),主要分布于轮古西岩溶台地,是本区最高一级的岩溶台面,形成时代老,经后期岩溶作用改造的时间也最久,该台面上均已具有夷平面的现象。

二级岩溶台面(PF2),主要分布于流域西部较为平坦的岩溶盆地区域,占据面积较大,瓦解程度也比较高。

该区台面与排泄基面的对应关系可以在亚流域Ⅱ中的主干河谷的横剖面上很好地反映出来,可以看出,主河谷发育了 2 个明显的阶地(图 5-23)。

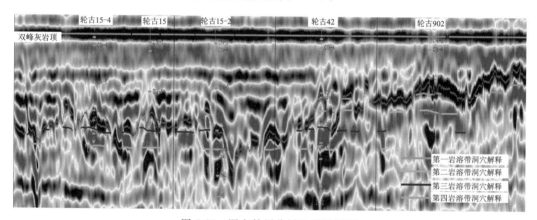

图 5-23 洞穴储层分层地震解释图

古洞穴碳酸盐岩储层发育具有很强的随机性,因此古洞穴碳酸盐岩储层非均质性研究难度大。影响古洞穴碳酸盐岩储层平面非均质性的主要因素有古构造、古断裂、古水文系统、古岩溶地貌等,其中与古岩溶地貌关系最为密切。古洞穴的展布方向与构造线、断裂、裂隙的走向密切相关。早期断裂构造控制深部洞穴的发育,在构造轴部或沿断裂、沿层面利于形成大型洞穴。大型溶洞常发育在分支断裂附近,洞穴的走向常与次级断裂走向及岩层走向一致,断裂的交会处也容易形成大型洞穴。沿着断裂带发育的洞穴具有明显的方向性,还常与断层性质有关,尤其是在两组断裂的共轭部位,更有利于深部洞穴的发育。良好的汇水给水交替条件为岩溶作用提供了有利保证。

古洞穴发育与岩溶地貌关系最为密切。轮古西油田及外围地区可被划分为 3 个岩溶地貌单元,分别为岩溶高地、岩溶斜坡(可进一步划分为岩溶残丘或丘丛、岩溶洼地、岩溶平台)和岩溶谷地。轮古西地区下奥陶统岩溶斜坡的部分地区,特别是岩溶缓坡及其上的岩溶残丘,都是大型溶洞发育且保留概率相对较高的地区。岩溶缓坡(特别是其上的丘丛)是岩溶最发育的地区,岩溶缓坡及其上的次级岩溶残丘,是寻找古洞穴型储层的最佳地区;其次是岩溶高地及岩溶谷地近岩溶斜坡一侧(图5-24)。

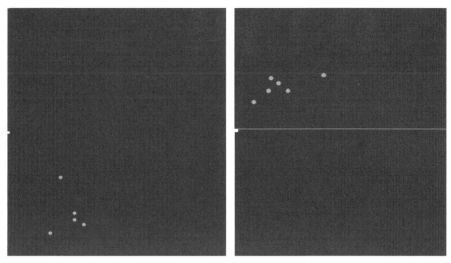

图 5-24　轮古西不同岩溶风化带分布厚度图

首先通过对轮古西岩溶带分布范围的解释,可以看出轮古西高效井多分布在第二、第三岩溶带上(图5-25)。

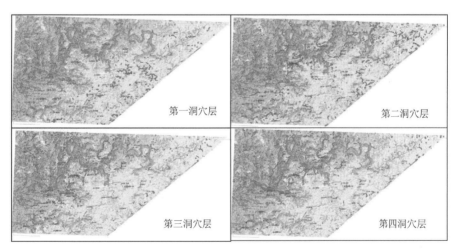

图 5-25　轮古西奥陶系四套洞穴层与古地貌叠合图

第一洞穴层多发育在岩溶台地上,明河上游,水动力较弱,洞穴发育相对较为孤立,呈零星分布,呈局部富集特点。

第二、三洞穴层多发育在岩溶斜坡区,水动力较强,多暗河发育,广泛发育的落水洞将明河、暗河连在一起。

第四洞穴层多发育在岩溶洼地区,水动力较强,多暗河发育,广泛发育的落水洞将明河、暗河连在一起,呈带状分布特点。

第五节 洞穴充填性评价

一、洞穴充填机理

根据洞穴沉（堆）积物的物质成分、沉积环境以及形态组合特征等，可将洞穴沉（堆）积物划分为化学沉积（淀）、流水机械沉积和重力崩塌堆积三大类。

1. 化学沉积（淀）

溶积灰岩多见于潜流岩溶带，为该带溶洞中的化学充填物，主要由结晶粗大的方解石组成，具镶嵌状结构。

化学沉积（淀）物有溶积钙质泥岩和钟乳石两种。溶积钙质泥岩常充填于洞穴中，是由淡水淋滤形成的浅粉红色钙质泥岩，具水平纹层构造。钟乳石微观上具多层葡萄状、锯齿状、同心状纹层，方解石围绕中心呈放射状排列。这是由洞穴壁，特别是洞穴顶表面薄膜水和悬挂水滴沉淀形成的（图5-26a）。

2. 流水机械沉积

（1）暗河沉积的灰质砂砾岩、灰质砂岩、灰质粉砂岩和灰质泥岩：发育在潜流岩溶带的水平溶洞中，为地下暗河水流搬运沉积作用的产物，砾石成分比较复杂，并常有外来成分的砂砾，有时可见与河流作用有关的层理（图5-26b）。

（2）溶积泥岩、泥质粉砂岩：主要见于潜流岩溶带水平溶洞中，并见于渗流岩溶带的宽大溶缝和溶洞中，主要为陆源砂、泥质（图5-26c）。

（3）溶积砂岩：洞穴内全充填褐灰色细砂岩，可能是石炭纪海水侵入时形成的海岸溶洞沉积（图5-26c）。

3. 重力崩塌堆积

重力崩塌堆积物为岩溶角砾岩。洞穴塌陷角砾岩是古洞穴成因的主要油气储层，常常是塌陷洞穴系统的联合产物（图5-26d）。

二、洞穴充填演变

洞穴的储集性能取决于其是否被充填，半充填及未充填的溶洞才是有效储层，那些完全被矿物或岩石充填的溶洞则为非储层。因此，识别岩溶洞穴的充填物进而评价洞穴的充填程度成为研究洞穴型储层的关键。

轮古西古岩溶系统经历了3次明显的充填演变。加里东—早海西期：表现为钙泥质、岩屑角砾等水流强度较大条件下的机械沉积充填，充填物为富含泥质的钙泥沉积充填，以钙泥

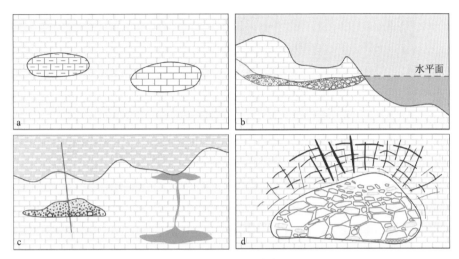

图 5-26 洞穴充填类型

质粉砂岩、灰绿色钙泥质为主。晚海西—印支期：充填物以化学沉积为主，局部伴随有机械沉积，充填物矿物组成以方解石为主，杂质较少或以方解石为主，具有较多石英、黏土矿物、褐铁矿，充填物主要为方解石或钙泥质。燕山—喜马拉雅期：主要为化学淀积充填，充填物矿物组成以方解石、石英为主，具有少量白云石。

轮古西岩溶洞穴充填物的成因主要有牵引流迅速堆积、洞内流水重力分异沉积、重力垮塌沉积及化学沉淀等，其对应的沉积物主要为分选差的砾岩、砂泥岩、钙泥岩、角砾岩、结晶碳酸盐岩等（图 5-27、图 5-28）。该区上部古溶洞系统多充填绿灰色钙泥质岩。下部地下河岩溶管道系统多充填粉砂岩、灰质粉砂岩、灰质细砂岩、泥质粉砂岩；溶蚀构造裂隙多充填绿灰色钙泥质岩（部分为方解石），微裂缝多充填方解石。

图 5-27 轮古西奥陶系洞穴充填物特征（溶蚀裂缝方解石充填）

通过单井分析及充填特征评价，认为轮古西地区第一岩溶带以裂缝及小型溶洞为主，溶洞距离风化壳顶面越近，充填程度相对较高；第二岩溶带以小—中型洞穴为主，充填程度较低，是该区主要的储层发育段；而第三、四岩溶带发育大型洞穴和暗河，砂泥质充填程度高，但在第三层大型洞穴周围和顶部发育一些坍塌形成的小型洞穴充填程度低，具有一定的油气储集空间。

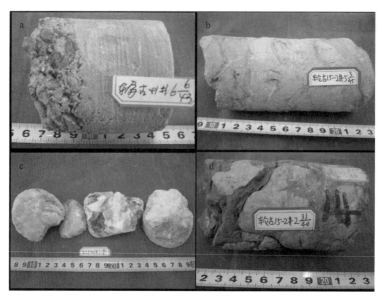

a. 轮古 41 井洞穴充填角砾岩；b. 轮古 15-2 井洞内流水机械沉积充填；
c. 轮古 403 井化学沉淀充填物；d. 轮古 15-2 井褐色钙泥质胶结的溶洞塌积角砾岩

图 5-28　轮古西奥陶系洞穴充填物特征

砂岩充填洞穴的自然伽马明显略高于纯灰岩；相比于围岩，洞穴砂岩在电成像上呈暗色，具有一定的层理。泥岩充填洞穴自然伽马高，去铀伽马也比较高，井径扩径严重，电阻率明显降低，在电成像图上，洞穴泥岩呈暗色条带状，具有明显的平行层理。角砾岩充填洞穴在电成像图上表现为角砾大小混杂，棱角分明，角砾呈亮色，而角砾间一般被砂、泥质充填，呈暗色；自然伽马高于纯灰岩；电阻率降低不太明显；洞穴角砾岩一般为洞顶或洞壁围岩垮塌而堆积的产物。结晶碳酸盐岩充填洞穴的自然伽马低，电阻率异常高；电成像图上呈高阻的亮色，颜色比较均一，往往是洞穴流体中携带的碳酸盐岩化学物质在洞底沉淀结晶而成，其成分主要为方解石。

三、地质与地球物理综合技术评价洞穴充填性

利用沟谷趋势面法将轮古西洞穴储层分为可能含水洞穴以及可能含油洞穴，即趋势面上洞穴为可能含油洞穴，趋势面以下洞穴为可能含水洞穴，利用三维洞穴储层雕刻技术，雕刻出沟谷趋势面以及潜山面之间的洞穴，即为可能含油洞穴。为了识别洞穴的有效性，即含油洞穴，采用地质与地球物理综合技术识别洞穴的充填性，通过已知未充填井、充填井、半充填井的时频衰减特征，总结归纳出三者的衰减特征明显不同，充填洞时频特征是随着时间的增加，频率增强；未充填洞的时频特征是随着时间的增加，频率能量急剧减小；半充填洞的时频特征是随着时间的增加，频率能量基本不发生变化（图 5-29）。

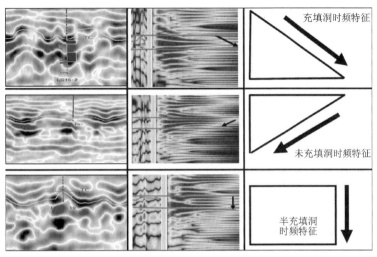

图 5-29　洞穴有效性评价图版

第六节　缝洞单元划分与评价

一、缝洞单元划分

轮古西地区发育两大地下水系网络，而中部斜坡区则发育三大地下水系网络。

轮古西地区的两大地下水系网络与地表水系及流域具有明显的对应性。两大地下水系网络中以北部的地下水系网络为主，地下岩溶管道发育密度大，控制面积广，而南部地下水系网络发育程度相对较弱，岩溶管道发育密度也相对较弱，这种特征很好地显现了与流域汇水面积的匹配性。地下分水岭尽管与地表分水岭并不一定完全重合，也基本与地表分水岭发育部位相对应，所有这些特征很好地体现了水文地貌势的对称原理。

同时两大地下水系网络基本围绕地表三、四级主干水系分布，但二者并不完全重合，呈现出缠绕型非完全映射关系。这种特征主要是由于地下水系的发育一方面受控于断裂裂缝及排泄基准面等因素，而其流动路径同时又遵循最小功能原理所致。对于轮古西地区，主要裂缝发育的方向为北东向，地表水系汇流结构揭示出其排泄基面在早期为地表主干水系，后期已迁移至西侧区外，因此地下水系的主要延伸发育方向为西向。局部分支水系上发育的地下水系的方向性仍受控于主干地下水系的位置，如 LG421 井附近的地下水系向南部主干地下水系汇流，南部主干地下水系就作为其排泄基准面。同时前面讨论过地下水系的截弯取直现象，北部地表主干水系从平面形态上看属于曲流河，而地下水系的发育路径则遵循最小功能原理，因此，在轮古 422 井～轮古 15-19 井一线发育地下水系，对其北部的地表水系进行截弯取直(图 5-30)。

正是由于上述因素，轮古地区地表地下双重水系结构具有如下特征：①地表地下双重结构发育具有同一方向性，即西南向；②地表地下双重结构具有缠绕性，但非完全映射性；③局部分支地表地下水系具有较好的映射性。

图 5-30 轮古西地表水系及分水岭分布图

中部斜坡区同样发育大量的落水洞,如轮南 41 井南侧发育一较深的落水洞,地表水汇流到此处消失,直接通过落水洞转为地下水,汇流到其下游段。说明早期地表水系发育的阶段,此地下水系已经形成,属于伏流段。

在水系 R82 东侧发育一单支水系,该分支水系上游段发育较深的落水洞,地表水流经此处后潜入地下,由于早期该地表水系向北部主干水系汇流,且具有明显的坡降,因此该处地下水系的发育路径是大体上沿着地表水系的发育路径向北部的主干水系汇流。

缝洞单元是指在碳酸盐岩油气藏中,具有统一的压力系统和水动力条件,在横向上和纵向上连通的,以溶蚀的孔、洞、缝为主要储集空间和渗流通道,并被致密岩体隔挡、影响流体流动的储集体。

缝洞单元的划分需要基于动态和静态资料进行综合分析、推断。鉴于碳酸盐岩油藏的特殊性,在动态方面,目前可采用以下方法来确定井间连通性:类干扰试井分析法、压力系统分析法(油藏压降特征法、压力梯度法、压力趋势分析法)、注采见效、干扰试井法、流体性质分析法、生产特征相似法以及化学示踪剂监测法等。本章从轮古油田实际可用的动态资料着手,运用注采见效,类干扰试井分析法和压力趋势分析法,确定井组连通性。在静态方面,在潜山区,一方面,找出主要控制底水的几条大型深窄沟谷或明河(一级明河:规模大,走向明显不同);另一方面,找出控制油气运移聚集方向的几条大的古分水岭(一级分水岭:规模大,走向明显不同),将这两种边界作为划分岩溶缝洞带的边界。

以上述古岩溶残丘的主轴线(二级分水岭:规模变小,方向相似)为界,将岩溶水流向大致相同的岩溶储层发育区划为一个岩溶系统(如果有地下暗河明显将地表两个不同流向的水系紧密沟通了,可以将两个岩溶系统划分成一个系统)。在一、二级水系控制下,按照洞穴分期解释各个时期的储层预测和表层岩溶带储层发育情况,将彼此连通的地表岩溶带和径流溶蚀带等具有一定连通能力的缝洞体,划分为一个缝洞单元;并总结出一套方法从静态上划分轮古西油藏的缝洞单元,在此基础上充分运用油井开发表现出来的动态特征来进行连通单元的识别(图 5-31)。

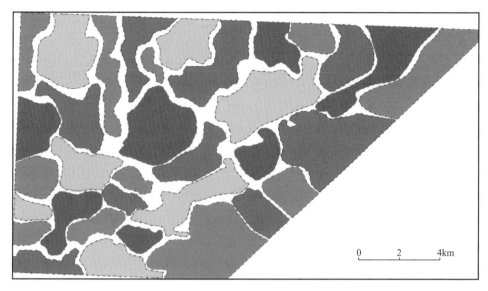

图 5-31 轮古西井区缝洞带划分图

二、油气富集区块优选

1. 油气富集区筛选

根据轮古西油藏各层洞穴发育状况,将四层岩溶洞穴系统进行叠合(图 5-32)。其中第二、三层洞穴叠置分布的区域储层发育,是高效井集中分布的区域。

通过对四层岩溶洞穴纵向上的叠合发育,结合洞穴的油气预测结果,优选出继 LG15 高效井区之外的 4 个有利油气富集区(图 5-33)。

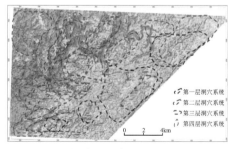

图 5-32 轮古西油藏四层洞穴叠置图

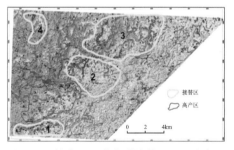

图 5-33 轮古西油藏有利接替区平面分布图

2. 油气富集区评价

通过目前已部署油井开发动态以及洞穴充填性、油水洞分布情况对油气富集区进行综合评价(图 5-34),作为该油藏后续开发的有力保障。

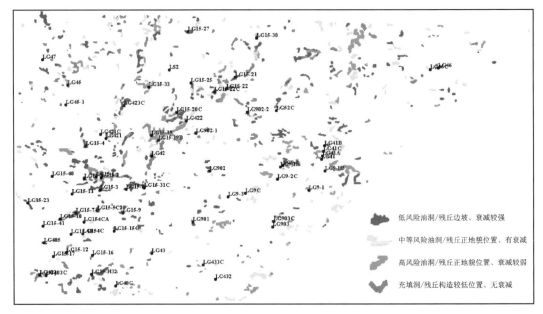

图 5-34 洞穴充填性分布图

1)油气富集 1 区

划分出的油气富集 1 区,目前分布有轮古 403 井、轮古 15-H32 井、轮古 40 井和轮古 40C 井(图 5-35)。该区域是第二、三、四层洞穴油洞的主要分布区域,且洞穴的充填性较差,油层纵向上具有一定的连通性;明河暗河共同控制储层的发育,储层在横向上有一定的连通性,为油气富集提供静态条件。

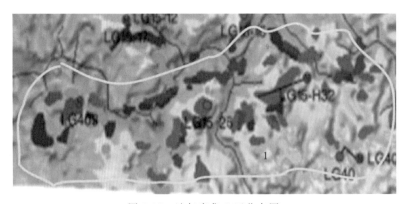

图 5-35 油气富集 1 区分布图

该区域目前已开发井累计产液 5.0×10^4 t,累计产油 2.2×10^4 t(图 5-36、图 5-37),井控程度低,采出程度较低,且为油气富集的区域,为后续开发接替高效井区奠定了基础。针对该区域油气富集状况,已部署开发井轮古 15-26,目前正在实施钻井,该井的顺利投产为 1 区成为高效井区的有利接替区提供了有力证据。

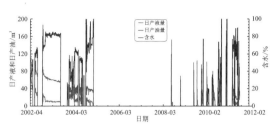
图 5-36 油气富集 1 区已开发井动态特征曲线图

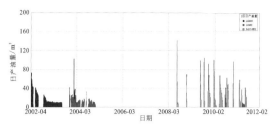
图 5-37 油气富集 1 区已开发井产油贡献曲线图

2)油气富集 4 区

油气富集 4 区目前分布有轮古 15-21 井、轮古 15-22 井和轮古 15-25 井(图 5-38)。该区域是第二、三、四层洞穴油洞的主要分布区域,且洞穴的充填性较差,油层纵向上具有一定的连通性;明河暗河共同控制储层的发育,储层在横向上有一定的连通性,为油气富集提供静态条件。

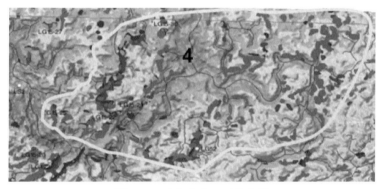
图 5-38 油气富集 4 区分布图

该区域目前已开发井累计产液 5.0×10^4 t,累计产油 2.9×10^4 t(图 5-39、图 5-40),井控程度低,采出程度较低,但为油气富集的区域,为后续开发接替高效井区奠定了基础。

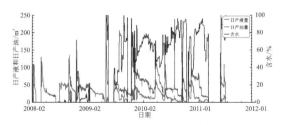

图 5-39 油气富集 4 区已开发井动态特征曲线图

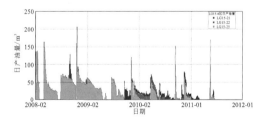
图 5-40 油气富集 4 区已开发井产油贡献曲线图

3. 轮古西油藏特征分析

油藏剖面中岩溶洞穴是通过单井岩心、测井等资料,以及地震纯波剖面反射特征、振幅属性、频率属性及分频属性标定后进行精细刻画;单井的岩溶充填情况通过取心及测井资料识别,无井区的洞穴充填情况则根据地震时频衰减确定;断裂是通过相干体制作沿石炭系双峰灰岩等时面按一定时间间隔切片来识别的;油水界面通过油水界面计算公式计算的单井油藏高度及地震沟谷趋势面识别,油藏高度受沟谷趋势面及断层的共同控制(图5-41)。

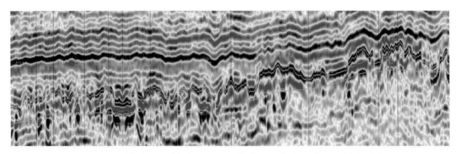

图5-41 轮古西过轮古15-40~轮古41井东西向地震剖面图

由油藏剖面图(图5-42~图5-44)可见,全区均有第二层~第四层岩溶带发育,但是第一层岩溶带只发育在岩溶台地及海拔较高的岩溶缓坡带。轮古西自西向东、由北向南方向,随古潜山面抬高,油水界面也相应抬高。

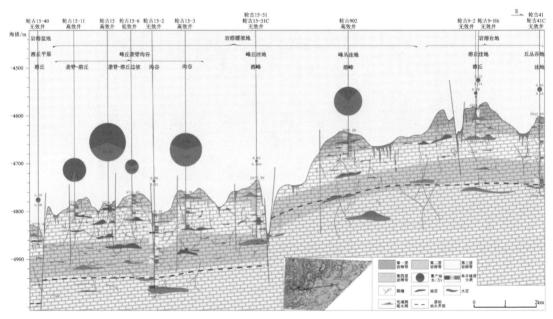

图5-42 轮古西过轮古15-40~轮古41井东西向油藏剖面图

下面以过轮古15-40~轮古41井东西向油藏剖面为例,详细阐述油藏特征。

该剖面东西走向,贯穿轮古15区块及轮古9~轮古40区块,隔跨岩溶盆地、岩溶缓坡地及岩溶台地等古地貌,潜山面自西向东依次抬高。全区均分布第二层、第三层及第四层岩溶带,而第一层岩溶带只分布于岩溶台地区。岩溶台地的油水界面明显高于其他古地貌分布区。

轮古15-40井,钻揭奥陶系37m,处于岩溶盆地的溶丘位置。该井测井解释裂缝型油层3.5m,干层20.5m,无Ⅰ类储层。第一层岩溶带被剥蚀,出露第二层岩溶带17m,第三层岩溶带42m,第四层岩溶带57m。油水界面公式计算得到油藏高度161.9m,因右侧处于沟谷,又因投产时间2009年远远晚于周边井,因此开井即见水,最初24天含水量小于5%,之后含水量上升,至今产油0.34×10^4t,产水0.35×10^4t,属于无效井。

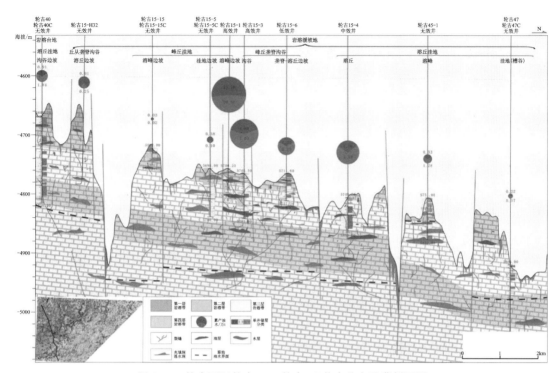

图 5-43 轮古西过轮古 40~轮古 47 井南北向油藏剖面图

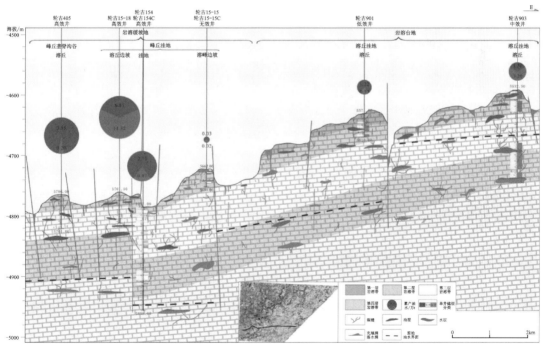

图 5-44 轮古西过轮古 405~轮古 903 井南北向油藏剖面图

轮古 15-11 井，钻揭奥陶系 31.5m，处于岩溶缓坡地的隆脊-溶丘位置。测井解释洞穴型储层 1m，裂缝孔洞型储层 12m，干层 4m。无第一层岩溶带分布，第二层岩溶带 15m，第三层岩溶带 62m，第四层岩溶带 70m。油水界面公式计算的油藏高度 136.7m，该井 2003 年 6 月投产，无水采油期 167 天，无水期累计产油 $1.13×10^4$ t，水锥推进速度 0.63m/d，后因高含水长期关井，目前侧钻。该井累计产油 $2.71×10^4$ t，累计产水 $0.27×10^4$ t，属于研究区高效井。

轮古 15 井，钻揭奥陶系 20.5m，处于岩溶缓坡地的隆脊-溶丘边坡位置。测井解释洞穴型油层 5.5m，裂缝孔洞型油层 6.5m，油层顶底分布 5m 厚干层。无第一层岩溶带，第二层岩溶带 13m，第三层岩溶带 61m，第四层岩溶带 71m。油水界面公式计算的油藏高度 162.5m，该井 2001 年 10 月投产，无水采油期 412 天，无水期累计产油 $8.8×10^4$ t，水锥推进速度 0.34m/d，现因高含水目前间开生产，累计产油 $17.1×10^4$ t，累计产水 $10.8×10^4$ t，属于高效井。

轮古 15-6 井，钻揭奥陶系 45.6m，处于岩溶缓坡地的隆脊-溶丘边坡位置。测井解释该井发育孔洞型油层 4m，裂缝孔洞型油层 11.5m，5 717.5m～5 728.9m 有一泥岩和垮塌灰岩充填的洞穴，其中灰岩段测试含油，干层共计 17.8m。无第一层岩溶带，第二层岩溶带 27m，第三层岩溶带 67m，第四层岩溶带 72m。油水界面公式计算的油藏高度 158.8m，该井 2007 年 3 月投产，无水采油期 47 天，期间产油 3350t，之后直接进入高含水期，2009 年 8 月转为注水井。该井累计产油 $1.2×10^4$ t，累计产水 $2.3×10^4$ t。

轮古 15-2 井，钻揭奥陶系 112m，处于岩溶缓坡地的沟谷位置，较低的地势使得更多的洞穴被充填，潜山面之下发育 16.7m 角砾状灰岩，5 810.5m～5 841.6m 处发育 25m 粉粒质泥岩，其中灰岩隔层测为油层，测井解释孔洞型差油层 21m，裂缝孔洞型油层 33.7m，干层 67.5m。该井不发育第一层岩溶带，第二层岩溶带 25m，第三层岩溶带 52m，第四层岩溶带 46m。该井钻穿油水界面，油藏高度 147.6m。自 2004 年 1 月投产，因地层供液不足关井多次，2011 年 9—10 月优化管柱后，开井生产。该井累计产油 $0.06×10^4$ t，累计产水 $0.01×10^4$ t。

轮古 15-3 井，钻揭奥陶系 75.5m，处于岩溶缓坡地的沟谷位置，但海拔较 LG15-2 井高。测井解释孔洞型差油层 1.5m，裂缝孔洞型油层 18.7m，干层 33.5m。第一层岩溶带在该井不发育，发育第二层岩溶带 20m，第三层岩溶带 62m，第四层岩溶带 74m。油水界面公式计算的油藏高度 168.6m。该井 2006 年 4 月投产，无水采油期 30 天，期间共产油 4744t，水锥推进速度 3.11m/d，虽与 LG15 井及 LG15-1 井为同一连通单元，但水锥推进速度明显高于其他井，是因为该井投产时间比 LG15 井晚 4 年半，当 LG15-3 投产时，LG15 井已进入高含水期，由于水锥推进的缘故，将 LG15-3 井原始油水界面抬高，致使水锥推进速度值出现异常。无水期后 114 天含水保持 10% 以下，之后含水提高。该井累计产油 $4.6×10^4$ t，累计产水 $7.0×10^4$ t，为高效井。

轮古 15-31 井，位于岩溶缓坡带的溶缝位置，自 2007 年 6 月投产，7 月 3 日因井队搬家关井，2009 年 4 月侧钻，LG15-31C 井因地层能量不足关井。该井累计产油 $0.03×10^4$ t，累计产水 $0.009×10^4$ t。

轮古 902 井，钻揭奥陶系 49.5m，位于岩溶缓坡地溶缝位置，海拔较高。测井解释该井发育 9.2m 孔洞型油层，3.0m 裂缝孔洞型油层，以及 6.1m 裂缝型油层。第一层至第四层岩溶带均发育，厚度分别为 21m、21m、50m 和 46m。根据沟谷趋势面及周边井油水界面特征，预测油藏高度为 128.6m。该井 2005 年 8 月投产，无无水采油期，该井累计产油 $4.1×10^4$ t，累计产水 12.1×10⁴t,为高效井。

轮古 9-2 井,钻揭奥陶系 66m,位于岩溶台地的溶丘位置。测井解释 2.5m 洞穴型油层,0.8m 裂缝孔洞型差油层,1.7m 裂缝型差油层以及 41m 干层。发育第一层岩溶带 24m,第二层岩溶带 31m,第三层岩溶带 46m,第四层岩溶带 50m。根据周边井油水界面及沟谷趋势面特征,预测油藏高度 158m。该井 2006 年 10 月投产,一直无水,但终因地层能量不足,目前侧钻中。该井累计产油 0.19×10⁴t。

轮古 9-H6 井,位于岩溶台地溶丘古地貌。2007 年 9 月投产,该井累计产油 0.22×10⁴t,累计产水 0.34×10⁴t。

轮古 41 井,钻揭奥陶系 160.5m,位于岩溶台地的溶丘古地貌。洞穴型储层不发育,该井钻穿油水界面,油藏高度 142m。2002 年 10 月投产初期,含水量大于 90%,终因高含水关井。2010 年 7 月侧钻,并于 2011 年 1 月生产,无水期 13 天,期间产油 294t,目前连续生产。该井累计产油 0.34×10⁴t,累计产水 0.45×10⁴t。

第七节 成岩作用对储层的影响

成岩作用对碳酸盐岩储层物性有非常重要的影响,它不仅改变了储层内部成分、构造特征,更重要的是改变了岩石的矿物成分和孔隙结构,并形成许多自生矿物,改变储层的孔隙度和渗透率,进而响应储层内油气运移和油气成藏。塔河油田奥陶系碳酸盐岩主要经历了压实、压溶、胶结、白云岩化、重结晶、溶蚀等成岩作用,其中(准)同生期岩溶作用,构造断裂,油气、沥青充填等对储层改造作用最大。

1. 压实、压溶作用

压实、压溶作用发生在早期浅埋藏阶段,在埋深过程中,受上覆沉积物重力影响,沉积物颗粒(通常是方解石或石英)受挤压而发生塑性变形或溶解的过程。压溶作用可以产生缝合线,呈平缓状的溶解结合线可沿已石化的碳酸盐岩中的不连续面发育,在顺 6 井、中 2 井等井中均有体现(图 5-45)。早期压实、压溶作用使储层孔隙度大大降低,但不影响油气正常运移。

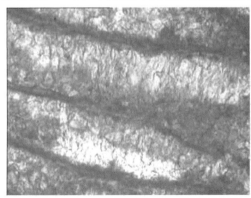
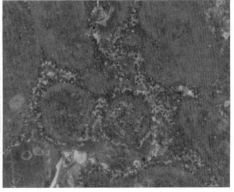

a.中2井,1 752.20m,颗粒定向排列,25倍　　b.顺6井,6617m,亮晶砂屑灰岩,方解石胶结

图 5-45 奥陶系碳酸盐岩压溶作用和胶结作用

2. 胶结作用

胶结作用是矿物质从孔隙水中沉淀出来并附着于沉积物颗粒表面或与沉积物颗粒次生加大的过程。在塔中地区，胶结物主要以在海底埋藏成岩环境中柱状、纤维柱状、连晶—嵌晶方解石为主。胶结作用过程中的钙质、硅质胶结物及大量蚀变矿物将直接导致储层的孔隙度和渗透率的降低，不过也有人认为碳酸盐岩中早期的胶结物能够在岩石受到压实作用时起到支撑作用，这样不仅有利于后期岩溶作用生成次生孔隙，而且早期胶结物在被溶解后也增加了储集空间。

3. 岩溶作用

岩溶作用是塔河油田奥陶系碳酸岩储层经历的最重要的成岩作用，在钻遇的多口井资料数据中可以看出试获工业油流的层段大多经历了岩溶作用。塔北地区奥陶系沉积的灰岩本身储集油气的能力较差，因此成岩作用对碳酸盐岩的改造作用是其成为有效储层的重要因素。就塔河地区奥陶系碳酸盐岩经历的一系列成岩作用而言，晚期岩溶作用对储层物性的影响最大，它使灰岩改造成具有储集性能的高孔高渗带，成为岩性气藏的有效储集空间。受加里东、印支—燕山期多次构造活动的影响，塔河地区奥陶系碳酸盐岩地层抬升暴露于地表，遭受风化剥蚀，在中奥陶统一间房组顶部发育分布广泛的风化壳型岩溶储集带。

4. 构造断裂作用

塔北地区构造断裂至少可划分出四期构造裂隙，这些裂隙大多被方解石、沥青、油等充填，少量被陆源碎屑充填，仍有一些开启性裂隙未被充填(图5-46)。根据塔河油田奥陶系碳酸盐岩裂缝发育特征以及裂缝与矿物颗粒的切割关系可以看出：早期形成的裂缝多存在于颗粒内部，较少出现切割矿物颗粒现象。但在岩石薄片中可以清晰地看到，大量晚期裂缝明显切穿了颗粒边界或者具次生加大边，甚至能够切穿相邻的沉积物颗粒。裂隙作用能够极大地提高储层的储集性能，为后期油气充注提供良好的运移通道。

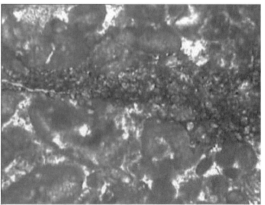

a.塔401井，网状裂隙，溶孔中充满褐色原油　　b.中2井，5525.40m，白云石沿裂隙交代，开启裂隙

图5-46　奥陶系碳酸盐岩构造断裂作用中形成的裂隙

第六章　油藏特征描述

第一节　烃源岩评价

一、烃源岩发育及沉积环境

1. 中下寒武统烃源岩

塔北隆起南带发育局限台地-台缘斜坡相的烃源岩,岩性主要为灰色、灰白色砂屑云岩、砂砾屑云岩夹台缘斜坡相的黑灰色、深灰色泥岩,自西向东,呈条带状展布。沉积厚度一般在40m以上,有机碳含量(TOC)相对较高,一般都在0.5%以上,自西向东有逐渐递增的趋势。隆起东部紧邻满加尔坳陷的库南1井周围区,烃源岩沉积最大厚度可达200m,源岩类型为泥质泥晶灰岩夹灰质泥岩、碳质泥岩,TOC平均为1.0%~1.5%(图6-1)。

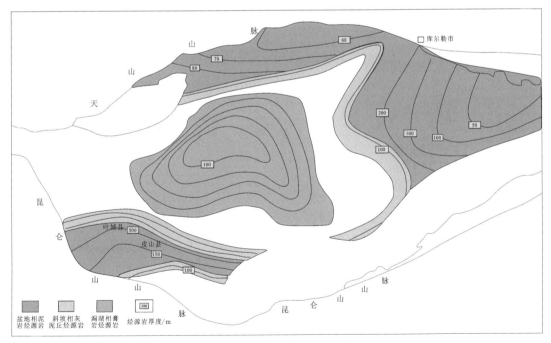

图 6-1　塔里木盆地中下寒武统烃源岩分布图

2. 中上奥陶统烃源岩

塔北地区中上奥陶统烃源岩主要发育于良里塔格组,为一套台缘斜坡相沉积(图 6-2)。隆起南部的哈拉哈塘凹陷、阿克库勒凸起、草湖凹陷等均有分布,岩性主要为泥质泥晶灰岩、宏观藻灰质泥岩,前者利于生油,后者既能生油又能生气,厚度较薄,在轮南 46 井该组的最大钻揭厚度仅 96m,实钻源岩最厚 12.5m,烃源岩 TOC 介于 0.2%～0.96%之间。

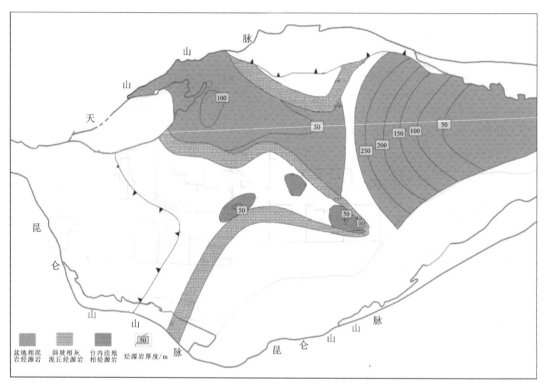

图 6-2　塔里木盆地中上奥陶统良里塔格组烃源岩厚度分布图

二、有机质丰度

1. 中下寒武统烃源岩

塔北沙西凸起东北部的星火 1 井区发育有早寒武世早期的玉尔吐斯组,主要是一套磷质岩、硅质岩和黑色页岩,亦属于盆地边缘—欠补偿盆地相沉积。柯坪露头玉尔吐斯组黑色碳质泥页岩的 TOC 最高可达 7%～14%,星火 1 井 TOC 亦达 6.05%(图 6-3)。

2. 中上奥陶统烃源岩

塔北雅克拉隆起区局部发育有良里塔格组有较高丰度烃源岩发育。塔北沙雅隆起南斜坡区,虽有 5 口钻井钻遇(羊屋 2、乡 3、轮南 48、轮南 24、轮南 17)一间房组,除羊屋 2 和乡 3 井含油段外,其余各井一间房组灰岩 TOC 小于 0.2%,属非烃源岩(图 6-4)。

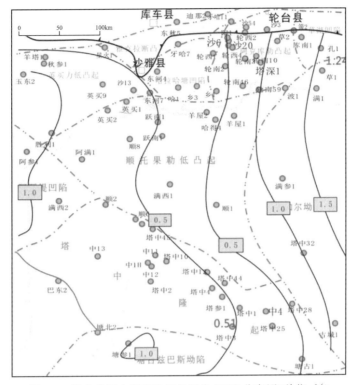

图 6-3　塔北地区中下寒武统烃源岩 TOC 分布图（单位：%）

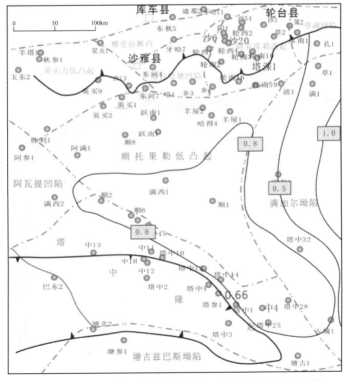

图 6-4　塔北地区中上奥陶统烃源岩 TOC 分布图（单位：%）

三、有机质成熟度

1. 中下寒武统烃源岩

塔北地区现今镜质体反射率 R_o 为 $1.94\%\sim2.14\%$,处于过成熟阶段(图 6-5)。

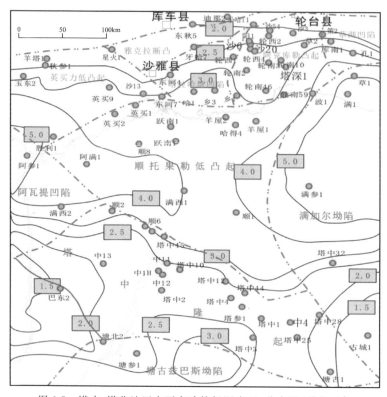

图 6-5 塔中、塔北地区中下寒武统烃源岩 R_o 分布图(单位:%)

2. 中上奥陶统烃源岩

塔北隆起地区中上奥陶统烃源岩成熟度在平面上由北向南呈逐渐递增的趋势,南部紧邻顺托果勒凸起、满加尔坳陷区,成熟度较高。根据轮南 14、轮南 17、轮南 46 等井分析结果,塔北隆起 R_o 在 $1.15\%\sim1.53\%$ 之间,处于成熟至高成熟阶段,英买 2 井 R_o 为 $1.4\%\sim1.6\%$ (图 6-6)。

四、烃源岩生烃演化

沙雅隆起区东段与西段下古生界烃源岩生烃特征不尽相同,沙雅隆起东段阿克库勒凸起下古生界烃源岩具有两阶段不连续生烃的特征(图 6-7a)。中下寒武统烃源岩在中晚奥陶世开始成熟进入生油阶段;志留纪—泥盆纪生烃作用基本停止;石炭纪—侏罗纪烃源岩演化缓慢,长期处于生油—凝析油气阶段;白垩纪以来烃源岩快速演化,由生凝析油气阶段进入生干气阶段。上寒武统—下奥陶统烃源岩成熟生烃期相对较晚,现今处于生凝析油气阶段。中上

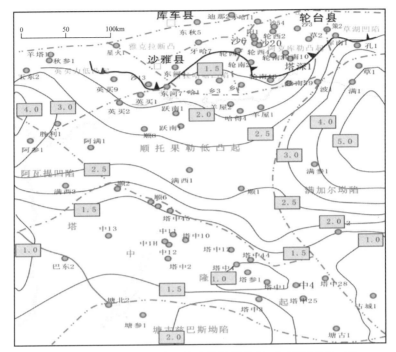

图 6-6　塔中、塔北地区中上奥陶统烃源岩 R_o 分布图（单位：%）

奥陶统烃源岩石炭纪—二叠纪开始成熟生油，现今处于生油—凝析油阶段。

沙雅隆起西段沙西凸起上，下古生界烃源岩也具有不连续生烃的特征（图 6-7b）。中下寒武统烃源岩中晚奥陶世开始成熟进入生烃阶段，中晚奥陶世—二叠纪晚期，烃源岩处于生油—凝析油阶段；二叠纪以后，生烃作用停止；直至白垩纪末烃源岩再次开始生烃，以生凝析油气—干气阶段为主。

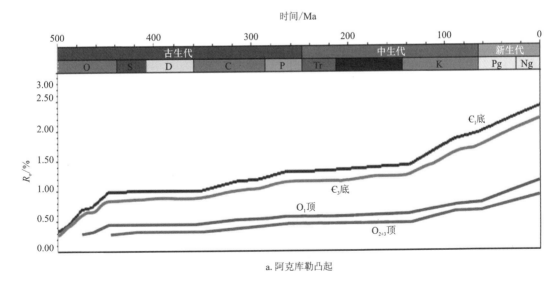

a. 阿克库勒凸起

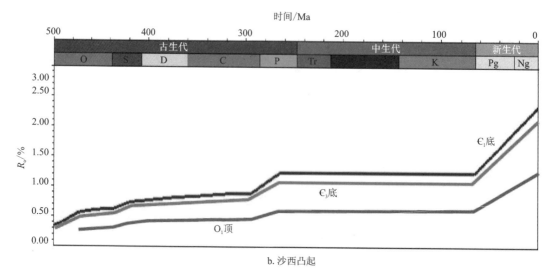

b.沙西凸起

图 6-7 塔北隆起下古生界烃源岩地层成熟度演化历史

第二节 盖层分布特征

良好的盖层是油气成藏的关键因素之一。塔中、塔北地区奥陶系盖层岩性以泥岩、泥质灰岩、致密灰岩为主，沉积厚度和空间展布范围以及后期的构造运动对其封闭性能有重要的影响。

一、中上奥陶统泥岩、泥灰岩及灰质泥岩

塔北地区广泛发育的中上奥陶统泥岩、泥灰岩及灰质泥岩，可作为良好的区域—局部盖层。塔北地区上奥陶统恰尔巴克组泥岩、泥灰岩及灰质泥岩展布地区可作为盖层，如塔河1号沙60～沙68～沙69～轮南28～轮南14井一线，泥灰岩、灰质泥岩厚度9～18m，可作为下奥陶统一间房组礁（滩）相灰岩的盖层。

二、下奥陶统内部致密灰岩

下奥陶统内部致密灰岩盖层主要发育在蓬莱坝组和鹰山组，灰岩基块的孔隙度分布范围为0.04%～5.24%，平均值为1.049%，渗透率一般小于$10^{-3}\mu m^2$，在岩溶和裂缝不发育的致密灰岩段完全可以形成盖层。

塔北奥陶系碳酸盐岩油气藏储盖组合（图6-8）主要有：①上奥陶统良里塔格组礁（滩）相灰岩（经岩溶改造）储层与石炭系泥岩盖层；②中奥陶统一间房组礁（滩）相灰岩（经岩溶改造）储层与中上奥陶统泥灰岩、灰质泥岩盖层储盖组合；③下奥陶统岩溶缝洞储集体与下奥陶统内致密灰岩盖层储盖组合。

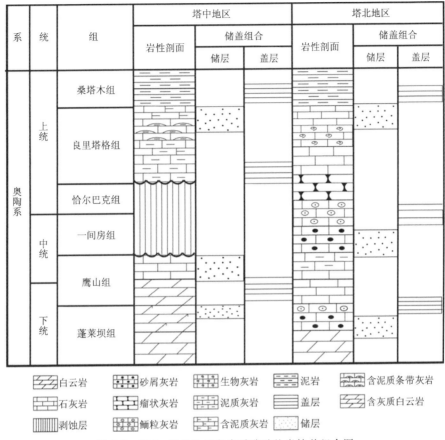

图 6-8 塔中、塔北地区奥陶系碳酸盐岩储盖组合图

第三节 圈闭条件

塔北地区在地史进程中经历了多次构造运动的改造,形成了一批对油气聚集和保存有利的圈闭。各构造运动阶段,奥陶系卷入构造变形,形成一系列断垒构造带及背斜构造带,是圈闭形成的构造因素。构造运动导致强烈的抬升、剥蚀地层,进而使下奥陶统碳酸盐岩大范围出露地表,强烈的淡水岩溶作用,使碳酸盐岩储集性能得以改善,形成岩溶缝洞型储集层(体)。岩溶缝洞发育的高孔渗储集带与致密灰岩带相互镶嵌,低孔渗的致密灰岩加上某些充填严重的断裂带构成了岩溶缝洞储集体的侧向封堵因素。诸多的构造因素、复杂的储集及封堵因素造就了多种类型的圈闭。塔北地区奥陶系主要有三大类圈团,即构造圈闭、地层岩性圈闭和复合圈闭,每种类型又可分为几种小类型(表 6-1)。

塔北隆起奥陶系圈闭形成期主要是海西期,这一时期是也塔北隆起主要形成期,早奥陶世末期中加里东运动,北部轮台—新和一线隆升形成孤立凸起,南部沙西、阿克库勒凸起也初具雏形。泥盆纪末的海西运动造成地层强烈抬升,使构造高部位大部分地区志留系—泥盆系及上奥陶统遭受剥蚀,中奥陶统也遭受了不同程度的剥蚀。下奥陶统顶面发育古岩溶地貌,形成了一些潜山、潜山披覆背斜,弯隆背斜和断背斜,主要分布在塔北隆起南带,如英买力地区英买1、2号弯隆背斜。阿克库勒、阿克库木断裂也开始活动,加快了下奥陶统顶面岩溶的发育速度,如轮南、桑塔木潜山披覆断垒带,塔河潜山岩溶斜坡带等。

表 6-1 塔北地区奥陶系圈闭类型

类别	亚类	分布地区与实例
构造圈闭	内幕背斜	牧场北、于奇地区、沙西1、2号
地层岩性圈闭	生物礁(滩)	"中平台"、塔河油区,如轮古1、轮古3、沙67、轮南48、轮南46等井区
		阿克库勒凸起南缘、西南缘,沙76、沙60、沙69、轮南48、轮南46等井区
复合圈闭	岩溶残丘-缝洞型	牧场北、艾协克、塔里木乡地区
	断块-岩溶残丘-缝洞型	阿克库勒、阿克库木断垒构造带,艾协克构造带,塔河油田3区奥陶系油气藏

第四节 油气输导及保存条件

一、油气输导条件

输导体系是控制油气成藏的重要因素,塔中、塔北地区构造演化史说明,多期区域不整合面和断裂-裂隙的发育为油气的运移聚集提供了有利通道和场所。塔北地区奥陶系碳酸盐岩宏观输导体系分为不整合面型、断层-裂缝型、孔洞缝网络型。这三类输导体系常常以单一或复合的形式构成油气运移的主要通道。

1. 不整合面型

塔北地区由于经历多期次构造运动,地层区域性抬升遭受剥蚀,发育多期次、分布面积大小不一的不整合面。对塔中、塔北奥陶系碳酸盐岩油气藏而言,对其油气成藏有重要影响的不整合面主要有 O_3/O_{1-2}(加里东中期)、S/O(加里东晚期)、S-D/O(早海西期)等。

(1)O_3/O_{1-2} 不整合面形成于加里东中期,在塔中地区该不整合面下中奥陶统一间房组大部分被剥蚀,促使下伏鹰山组顶部风化壳岩溶洞穴(孔)发育,形成多个岩溶风化壳型油气藏,如塔中1井、塔中9井等。

(2)S/O 不整合面形成于加里东晚期,塔北地区大部分地区志留系—泥盆系及上奥陶统由于构造抬升遭受剥蚀,中奥陶统也遭受了不同程度的剥蚀。下奥陶统顶面发育古岩溶地貌,该不整合面促使一间房组礁滩相颗粒灰岩发生岩溶改造作用,大大提升了其储集性能。

(3)S-D/O 不整合面属于区域性不整合面,分布面积广,促使邻近坳陷的烃源岩生成的油气运移至塔中、塔北古隆起圈闭中,形成古油藏。

总之,不整合面不仅能够加快下伏地层岩溶发育速度,改善储层的储集性能,而且能够作为油气的侧向运移通道,在遇到的有断裂发育的层位,形成横向、纵向交错的立体油气输导体系。

2. 断层-裂缝型

断层和裂缝往往相伴生,它们是油气垂向运移的主要通道。塔北古隆起断裂构造都比较发育。塔北地区断裂十分发育,平面上主要发育北西向断裂(位于沙雅以西,主要包括阿恰-土木休克断裂、皮羌-亚桑地断裂带等)和北西—东西向断裂(位于沙雅以西,主要包括沙雅-轮台断裂、亚南断裂带等)。剖面上,与塔中地区断裂(图 6-9)类似,主干断裂向下深切入基底,与伴生的众多小断裂构成有效的油气垂向运移体系。

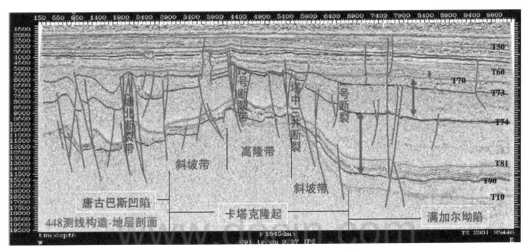

图 6-9 塔中地区 448 测线构造-地层剖面

3. 孔洞缝网络型

碳酸盐岩孔-缝-洞输导体的输导性能主要取决于孔、缝、洞的充填程度和连通性。其平面分布主要受不整合面、高频的层序界面(往往是Ⅲ级以上沉积间断的暴露面)以及裂隙控制。在油气区域分布范围内,油气富集于孔洞缝型储集体发育的部位,而缝洞型储集体不发育的部位则不含油气,或少含油气。储集物性良好的孔洞缝型储集体本身即是奥陶系碳酸盐岩的最主要的圈闭类型,当然在某些地区,这种圈闭可与潜山圈闭基本吻合或部分叠合。因此,在油气区域分布范围内,孔洞缝型储集体的发育程度是控制油气富集成藏最主要的因素。

二、油气保存条件

盖层的封闭性能、后期构造运动的改造对油气藏的保存条件有着重要影响,目前在塔北地区奥陶系碳酸盐岩所发现的油气藏均具有良好的保存条件,而有的地区则主要因为缺乏盖层条件,或早期形成的圈闭遭受后期构造运动破坏而未能形成油气藏。勘探成果表明,塔中地区上奥陶统桑塔木组泥岩段、志留系砂岩段以及自身致密灰岩段提供了良好的遮挡条件。

在塔中西北部塔中 10 号构造带,以志留系的柯坪塔格组下砂岩段和上奥陶统桑塔木组为上覆层,良里塔格组灰岩发生岩溶作用。典型的探井有塔中 15 井、50 井、11 井等;以良里塔格组灰岩为上覆层,鹰山组的云岩或灰岩发生岩溶作用,如中井区的中 1 井、中 11 井和中 4 井;又如塔中 2 井,由于多期断裂构造作用强烈,上奥陶统、志留系、泥盆系等均被剥蚀,致使油气沿断裂—不整合面散失,仅在储层中残余重质油及沥青。阿克库勒凸起发育多套泥质岩类盖层,包括恰尔巴克组、桑塔木组及志留系柯坪塔格组等,奥陶系自身致密灰岩也可作为盖层,对早期原生油气藏的形成具有很好的封盖作用。例如,阿克库勒凸起南部的塔河 3、4 号等下奥陶统油气藏,在下奥陶统储层之上有下石炭统下泥岩段数十米的泥岩盖层,保存条件良好,在其他成藏条件具备时,油气富集成藏。又如阿克库木断垒带中段沙 9 井至轮南 3 井区不含油气,也与保存条件密切有关。该段上覆三叠系岩性主要为砂岩和泥岩,当砂岩覆盖于奥陶系碳酸盐岩之上时,形成渗流层,当泥岩覆盖于奥陶系碳酸盐岩之上时,由于其沉积厚度较薄,无法形成有效封堵,因此尽管有油气显示仍未能聚集成藏。

在塔北地区,通过对英买 2—新垦 6—哈 7—艾丁 4—轮古 7—轮古 34 井一线剖面的分析,发现塔北地区输导体系与成藏要素的配置也十分理想。寒武系、中下奥陶统烃源岩生成的油气沿着断裂和不整合面向上发生垂向和侧向运移,在不整合面下,岩溶孔、缝、洞大量发育,不仅是良好的输导层也为油气储集提供场所。不整合面之上又有多套盖层,为油气提供了良好的保存条件。塔北地区奥陶系大型不整合—古岩溶圈闭发育,因此看到已发现的油气藏大多位于古隆起斜坡带或构造高部位(图 6-10)。

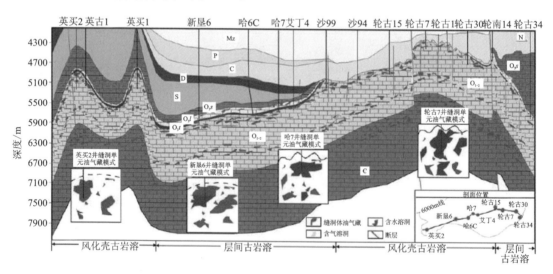

图 6-10 塔北地区输导格架及成藏要素配置关系

第五节 典型油气藏

塔河奥陶系油气藏位于塔北隆起阿克库勒凸起南部,是典型的岩溶缝洞型油藏。

一、烃源岩条件

塔河油田油气主要源于邻近的哈拉哈塘坳陷、东部的草湖次凹、南部的满加尔坳陷中的烃源岩,主要发育寒武系—中下奥陶统和上奥陶统烃源岩。寒武系—中下奥陶统烃源岩为碳酸盐岩局限台地-台缘斜坡相,生烃母质主要为浮游生物,有机质类型以Ⅰ型为主,岩性主要为灰色、灰白色砂屑云岩、砂砾屑云岩夹台缘斜坡相的黑灰色、深灰色泥岩,有机碳含量相对较高,一般都在0.5%以上。中上奥陶统烃源岩为一套台缘斜坡相沉积,岩性主要为泥质泥晶灰岩、宏观藻灰质泥岩,烃源岩TOC介于0.2%~0.96%之间,有机质类型属于Ⅲ-Ⅰ型。邻近的斜坡和坳陷长期持续的大量油气供应为油田多期成藏提供了良好的烃源条件。

二、储盖层条件

塔河油田储层主要发育于鹰山组和一间房组,岩性以颗粒灰岩为主,包括亮晶砂砾屑灰岩、鲕粒灰岩、藻黏结粒屑灰岩等。储层基质的物性总体较差,灰岩的基块孔隙度平均在1%,渗透率小于$0.1\times10^{-3}\mu m^2$。储集性能主要受裂缝和溶蚀孔洞的发育程度影响。

塔河油田奥陶系盖层主要发育有上奥陶统桑塔木组泥岩层,中奥陶统一间房组泥质瘤状灰岩,中下奥陶统碳酸盐岩内部致密灰岩、云岩。

三、圈闭条件

加里东运动之后,阿克库勒地区大型的鼻状凸起已经基本形成,呈北东向展布。早海西期强烈的构造抬升使泥盆系、志留系、奥陶系遭到不同程度的剥蚀,上奥陶统顶、中下奥陶统底不整合面发育,形成大量溶蚀孔、洞(穴)、缝。后期地层下降重新接受沉积,志留系、石炭系超覆沉积于下伏地层之上,形成大型不整合-古岩溶圈闭。

四、输导条件

阿克库勒凸起不整合面和断裂都十分发育,它们共同构造了纵横交错的油气运移输导网络体系。阿克库勒凸起奥陶系不整合面主要发育有中下奥陶统顶面(O_3泥岩/O_{1-2}灰岩),形成于加里东中期,在不整合面下的一间房组礁滩相颗粒灰岩发育大量溶蚀孔隙和裂缝,极大地改善了储集性能,同时有利于油气侧向运移;上奥陶统顶面(S泥岩、砂岩/O_3泥岩),形成于加里东晚期,当上覆地层为志留系泥岩时,可以作为封堵油气的盖层,当上覆地层为志留系砂岩时,可以作为油气的渗流通道。阿克库勒断层、阿克库木断层等断裂系统则为油气垂向运移提供了通道。

五、油气源分析

塔河油田原油密度变化范围较大,变化范围为0.549~0.991g/cm³,从不同区块(四、六、七、九、十区等区块)不同层位(C、S、O_3、O_{1-2}等)的储层沥青饱和烃色谱特征来看(图6-11),有机质的奇偶碳比值(OEP指数)接近1.0,奇偶优势不明显,说明烃类具有成熟—高成熟度特征,可能来源于寒武系—中下奥陶统高成熟度烃源岩。姥鲛烷/植烷比(Pr/Ph)基本小于0.8的特点也与寒武系沉积时水体相对闭塞的沉积环境相吻合。

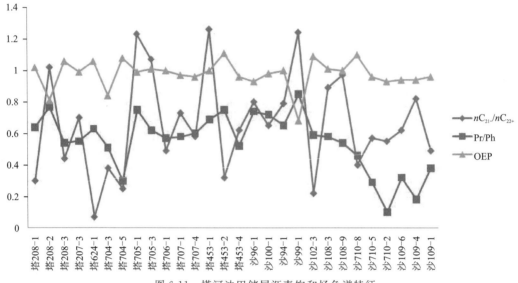

图 6-11 塔河油田储层沥青饱和烃色谱特征

原油中甾萜类生物标志化合物特征明显:藿烷含量高,甾烷中以规则甾烷为主,在三类规则甾烷的—20R构型中,呈 $C_{29}>C_{27}>C_{28}$ 的反"L"形分布。平均 C_{27}、C_{28}、C_{29} 分别占0.29、0.18和0.53,显示了相同古环境和生源物输入,具有同源油的特征。可以看到,位于油区东南部的塔453井、塔208井以及东部的沙100井等,规则甾烷稍有变化(图6-12、图6-13)。如塔453井 $C_1 \sim O_3 \sim O_{1-2}$ 样品,其 C_{28} 甾烷比例从 $0.16(O_{1-2})$ 增至 $0.25(C_1)$,相应 γ 蜡烷(γ 蜡烷/ C_{30} 藿烷)从0.11增至0.16,显示了纵向上的一定变化。在东部的S100井上奥陶统样品中,C_{28} 甾烷比例(0.28)甚至高于 C_{27} 甾烷(0.21),致使规则甾烷构型呈斜线式变化,说明在油田东部可能存在部分新的油源输入。

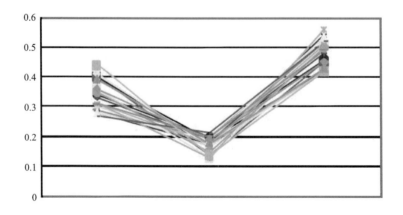

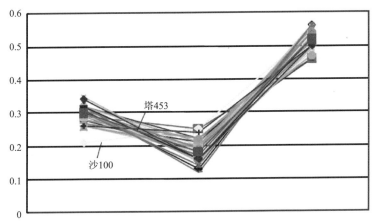

图 6-12 塔河油田奥陶系原油(上)和储层沥青(下)规则甾烷分布

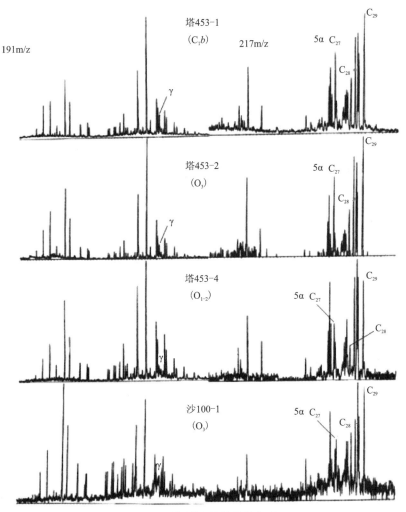

图 6-13 储层沥青甾萜烷分布

六、成藏过程分析

塔河油田具有不同生油坳陷不同类型烃源岩多期生烃的特点,根据志留纪以来盆地构造演化及变形特征(即盆地中隆起和坳陷的分布格局)可将油气成藏过程分为四个阶段。

1. 加里东中晚期—海西早期

加里东运动后,邻近阿瓦提、满加尔坳陷的寒武系－中下奥陶统烃源岩进入生烃门限,开始大量排烃,油气主要沿区域性不整合面运移,早期碳酸盐岩由于岩溶作用形成了大量溶蚀孔、洞(穴)、缝为油气提供了有利的储集场所。奥陶系内部致密灰岩或泥质岩夹层提供了有利的封堵条件,最终形成早期古油藏。海西早期区内泥盆系下伏地层受构造运动影响强烈抬升,暴露于地表遭受剥蚀、淋滤,早期古油藏遭到破坏。早期的孔缝之中仍可见残存的沥青或"干沥青",邻区的哈1井志留系沥青砂便是本期的产物。

2. 海西晚期

海西早期构造运动使区内大部分志留系和上奥陶统剥蚀殆尽,部分中下奥陶统亦遭剥蚀,仅南部有部分上奥陶统及以下地层保存,残存的奥陶系碳酸盐岩顶部不整合面大范围发育,广泛的岩溶作用在不整合面之下形成了大量的溶蚀缝洞(孔),它们与构造裂缝一起组成了缝洞储集体系。后期随塔北区块重新沉降,超覆其上的石炭系增厚达千余米,特别是下石炭统巴楚组块状泥岩的良好封盖,逐渐形成了大型地层不整合-古岩溶圈闭。晚海西期构造运动使隆起区形成了许多断裂和较小的褶皱,邻近源岩区下古生界生油岩已进入生油高峰阶段,沿区域不整合面和断裂运移至圈闭内的岩溶-裂缝储集空间。尽管由于海西期末的构造运动使油藏遭到破坏和改造,但是在海西晚期成藏时,由于其上巴楚组泥岩封盖和奥陶系致密碳酸盐岩侧向封堵,其成藏封闭性良好。

3. 印支—燕山期

印支—燕山期构造活动趋于平静,未发生大的抬升剥蚀或破坏作用。区域性泥质盖层不断沉积使其封闭性能得到改善。这一时期,邻近坳陷区烃源岩进一步演化达到成熟—高成熟,油气运移基本保持原有格局,沿断裂和不整合面运移充注在奥陶系岩溶缝洞的残余孔缝中和新的构造裂缝中。

4. 喜马拉雅期

喜马拉雅晚期,塔北地区北部随库车坳陷强烈下沉,南带相对翘起,阿克库勒凸起演化为塔北区域性斜坡的一部分,石炭系以上地层由南倾变为北倾。由于喜马拉雅期构造运动使得本区大幅度沉降,古近系和新近系沉积厚度达3000m以上,使得奥陶系油气藏封闭条件更好。邻近油源区进入高成熟-过成熟的轻质油-天然气生成阶段,大量生成的油气继续运移充注在包括奥陶系在内的各层组储集空间中。这一时期古油气藏发生重大调整,成为本区最重要的成藏期之一。

根据上述分析,塔河油田主要成藏事件如图 6-14 所示。

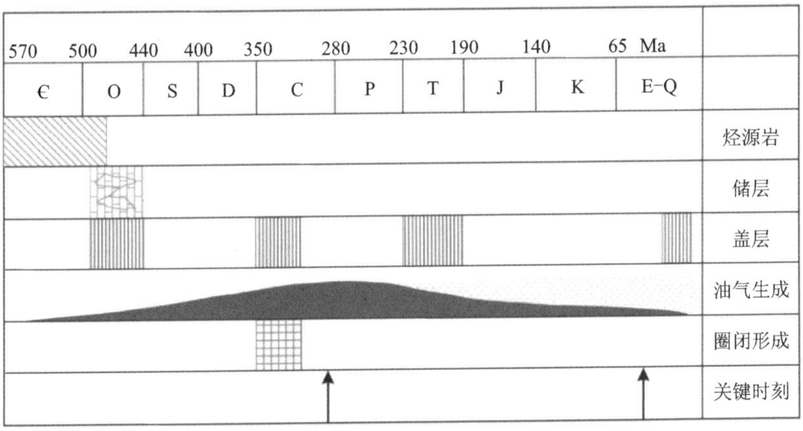

570	500	440	400	350	280	230	190	140	65 Ma	
€	O	S	D	C	P	T	J	K	E-Q	
										烃源岩
										储层
										盖层
										油气生成
										圈闭形成
										关键时刻

图 6-14　塔河油田奥陶系主要成藏事件图(据李国蓉,2007)

第六节　典型油气藏成藏过程分析

塔北古隆起的演化对塔北地区古生界碳酸盐岩油气富集有着极为重要的影响。古生界碳酸盐岩油气成藏,随着塔北古隆起自北西→南东迁移,其成藏时期由早到晚。由于经历了多期次构造运动,塔北地区古生界碳酸盐岩油气成藏复杂,经历了多次破坏和调整。从区域研究看,塔河油田是塔北碳酸盐岩油气藏的缩影,通过对有着相似沉积地质背景的塔河油田成藏条件的分析,总结出塔北奥陶系碳酸盐岩油气成藏的基本模式。下面从成藏过程演化来描述塔北地区奥陶系油气成藏特点(图 6-15)。

加里东晚期至早海西期(志留纪和泥盆纪),寒武系－中下奥陶统烃源岩进入大量生排烃阶段,经历了早期的岩溶作用,塔北奥陶系碳酸盐岩发育了大量的溶蚀孔、洞、缝,为油气聚集提供了场所。早期的油气沿着断裂和不整合面向上运移至该期可能已形成的圈闭(如阿克库勒背斜圈闭、阿克库木背斜圈闭及邻区哈拉哈塘的哈 1 井背斜圈闭)中聚集成藏。泥盆纪末发生海西早期运动,导致地层抬升遭受剥蚀,早期古油藏遭到破坏,大量油气散失。

海西晚期－印支期,塔里木盆地岩浆活动剧烈,发生了一次重要的玄武岩喷溢事件,导致全盆普遍升温,寒武系－中下奥陶统烃源岩开始大量排烃,以寒武系主产高成熟油气、下奥陶统主产油为特征。海西末期运动造成部分地区再次抬升,构造裂缝发育,因而促使隆起区的油气发生再次运移,早期古油藏的油气进行调整或散失。印支期经历了相对小尺度的断裂、褶皱变形作用,使油气垂向运移作用得到加强,油气运移网络复杂化,但区域运移趋势基本仍保持原有格局。

喜马拉雅晚期,塔北地区区域构造格局发生了重大变化,北部随库车坳陷强烈下沉,南带相对翘起,早期鼻凸转为穹隆构造。该期寒武系产气,下奥陶统主产高成熟油和气,大量生成的油气继续运移充注在包括奥陶系在内的各层组储集空间中。石炭系以上地层倾向发生倒转,由早期的南倾变为北倾。由于构造运动强烈,导致下古生界向南倾斜的程度也大幅度减弱,从而降低了下古生界的油气(轻质油和气)向北运移的势能,不仅使早期古油气藏进行了重大调整,而且也改变了晚期成藏方式。

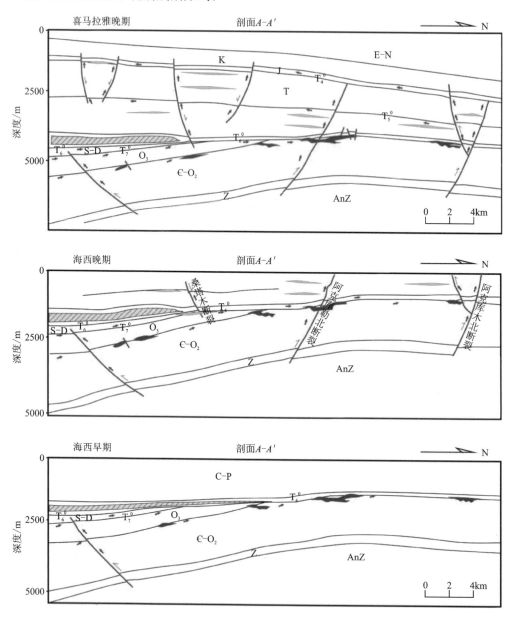

图 6-15 塔北地区奥陶系油气成藏动态过程

第七章　油藏地质建模

第一节　储层建模的目的意义

在油气田的勘探评价阶段和开发阶段，储层研究以建立定量的三维储层地质模型为目标，这是油气勘探开发深入发展的要求，也是储层研究向更高阶段发展的体现。现代油藏管理的两大支柱是油藏描述和油藏模拟。油藏描述的最终结果是油藏地质模型，而油藏地质模型的核心是储层地质模型，即储层属性的三维分布模型。广义的储层模型（reservoir model）实际上为油藏模型。在国外文献中，"reservoir"一词往往指含有油气的储集体，因此，广义的储层模型包括构造模型、储层属性分布模型及流体分布模型。从这个意义上讲，应用各种资料（地质、地震、测井、试井等资料）建立广义储层模型的过程实际上就是油藏描述。

地下储层是在三维空间分布的。长期以来，人们习惯于用二维图形（各种小层平面图、油层剖面图）及准三维图件（栅状图）来描述三维储层，如用平面渗透率等值线图来描述一套（或一层）储层的渗透率分布，显然，这种描述存在一定的局限性，关键是掩盖了储层的层内非均质性乃至平面非均质性。

20世纪80年代以后，国外利用计算机技术，逐步发展出一套利用计算机存储和显示的三维储层模型，即把储层三维网块化（3D griding）后，对各个网块（grid）赋以各自的参数值，按三维空间分布位置存入计算机内，形成了三维数据体，这样就可以进行储层的三维显示，可以任意切片和切剖面（不同层位、不同方向剖面），以及进行各种运算和分析。

值得注意的是，三维储层建模不等同于储层的三维图形显示。从本质上讲，三维储层建模是从三维的角度对储层进行定量的研究并建立其三维模型，其核心是对井间储层进行多学科综合一体化、三维定量化及可视化的预测。与传统的二维储层研究相比，三维储层建模具有以下明显的优势。

（1）能更客观地描述储层，克服了用二维图件描述三维储层的局限性。三维储层建模可从三维空间上定量地表征储层的非均质性，从而有利于油田勘探开发工作者进行合理的油藏评价及开发管理。

（2）可更精确地计算油气储量。在常规的储量计算时，储量参数（含油面积、油层厚度、孔隙度、含油饱和度等）均用平均值来表示。显然，应用平均值计算储量忽视了储层非均质因素，例如，油层厚度在平面上并非等厚，孔隙度和含油饱和度在空间上也是变化的。应用三维储层模型计算储量时，储量的基本计算单元是三维空间上的网格（分辨率比二维储量计算时高得多）。因为每一个网格均赋有相类型、孔隙度值、含油饱和度值等参数，因此，通过三维空间运算,可计算出实际的油砂体体积、孔隙体积和油气体积,其计算精度比二维储量计算高得多。

(3)有利于三维油藏数值模拟。三维油藏数值模拟要求建立一个可以把油藏各项特征参数在三维空间的分布定量表征出来的地质模型。粗化的三维储层地质模型可直接作为油藏数值模拟的输入,而油藏数值模拟成败的关键在很大程度上取决于三维储层地质模型的准确性。

在油藏评价至油田开发的不同阶段,均可建立三维储层地质模型,以服务于不同的勘探开发目的。随着油藏勘探开发程度的不断深入,基础资料的不断丰富,所建模型的精度也越来越高。与此同时,油田开发管理对储层模型精度的要求也越来越高。

在油藏评价阶段及开发设计阶段,基础资料主要为大井距的探井和评价井资料(岩心、测井、测试资料)及地震资料。在这一阶段,所建模型的分辨率相对较低(主要是垂向分辨率相对较低),但可满足勘探阶段油藏评价和开发设计的要求,对评价井设计、储量计算、开发可行性评价以及优化油田开发方案具有十分重要的意义。

在开发方案实施及油藏管理阶段,由于开发井网的完成,基础资料十分丰富,因而可建立精度相对较高的储层模型。这类储层模型主要为优化开发实施方案及调整方案服务,如确定注采井别、射孔方案、作业施工、配产配注及油田开发动态分析等,以提高油田开发效益及油田采收率。

在注水开发中后期及三次采油阶段,基础资料非常丰富,井资料更多(井距更小,在开发井网基础上,又有加密井、检查井等),特别地,该阶段具有大量的动态资料,如多井试井、示踪剂地层测试及生产动态资料等,因而,可建立精度较高的储层模型。然而,储层参数的空间分布对剩余油分布的敏感性极强,同时储层特征及其细微变化对三次采油注入剂及驱油效率的敏感性远大于对注水效率的敏感性,因此,为了适应注水开发中后期及三次采油对剩余油开采的需求,对储层模型的精度要求很高,要求在开发井网(一般百米级)条件下将井间数十米甚至数米级规模的储层参数变化及其绝对值预测出来,即建立高精度的储层预测模型。这类模型的建立正是储层建模工作者正在攻关的重要目标。

第二节 储层模型类型

按照储层属性及模型所表述的内容,可将储层地质模型分为两大类,即储层离散属性模型和储层参数分布模型,其中前者包括储层相模型、储层结构模型、流动单元模型、裂缝分布模型等,后者主要包括储层孔隙度、渗透率及含油饱和度分布模型等。

储层建模实际上就是建立储层结构及储层参数的三维空间分布及变化模型。三维建模一般遵循从点→面→体的步骤,即首先建立各井点的一维垂向模型,其次建立储层的框架——由一系列叠置的二维层面模型构成,然后在储层框架基础上,建立储层结构和参数分布的三维模型。

建模的核心问题是井间储层预测(井间三维预测)。在给定资料前提下提高储层模型精细度的主要方法即是提高井间预测精度。建模途径有确定性建模和随机建模两种。确定性建模是对井间未知区给出确定性的预测结果,确定性建模试图从确定性资料的控制点如井点出发,推测出点间(如井间)确定的、唯一的、真实的储层参数。随机建模是对井间未知区应用随机模拟方法给出多种可能的预测结果,两者包括不同的提高井间预测精度(模型精细度)的方法。本节主要介绍确定性建模方法及技术。

一、建模方法

目前,确定性建模的井间储层预测主要应用以下 3 种方法。

1. 地震方法

从井点出发,应用地震横向预测技术,进行井间储层预测,并建立储层整体的三维地质模型。应用的地震方法主要有三维地震和井间地震方法。

1)三维地震方法

三维地震资料具有覆盖面广、横向采集密度大的优点。因此,应用三维地震资料,结合井资料和垂直地震剖面(VSP)资料,可在油藏评价阶段建立油组或砂组规模的储层地质模型。

三维地震方法面临的主要难题是垂向分辨率低,一般的分辨率为 10~20m。这对于我国普遍存在的陆相储层(以"米级"规模薄层间互的砂泥岩储层)来说,常规的三维地震很难分辨至单砂体规模,而仅为砂组或油组规模,而且预测的储层参数(如孔隙度、流体饱和度)的精度较低,往往为大层段的平均值。

因此,目前三维地震方法主要应用于油藏评价阶段的储层建模,主要确定地层格架、断层特征、砂体的宏观格架及储层参数的宏观展布。

2)井间地震方法

井间地震由于采用井下地震震源及邻井多道接收(图 7-1),因而比地面地震(如三维地震)具有更多的优点。

(1)震源和检波器均在地下井中,这样就避免了近地表低速层对地震波能量的衰减,从而提高信噪比,再者,井间传感器离目标非常近,这样便大大增加了地震信息的分辨率。

(2)可以利用地震波的初至,实现 P 波和 S 波的井间地震层析成像,从而可准确重建速度场。这样,可大大提高井间储层参数的解释精度,有望解决用常规地面地震方法建立确定性储层模型所遇到的难题。但是,这种方法的商业性应用还有很多问题需要解决,如震源问题。

2. 水平井方法

水平井沿储层定向或倾向钻井,直接取得储层侧向变化的参数,借此可建立确定性的储层模型。水平井的钻井技术和经济可行性已经解决,但作为一种技术手段来应用,在目前还是少量的。此外,水平井很难进行连续取心,而是依赖测井所取得的测井信息,但由于测井解释技术所限,仍然存在一些不确定性的因素。目前这种技术仍处于攻关阶段。

3. 井间对比与插值方法

这是油田开发阶段建立储层确定性模型的常用方法。储层结构主要通过井间对比来完

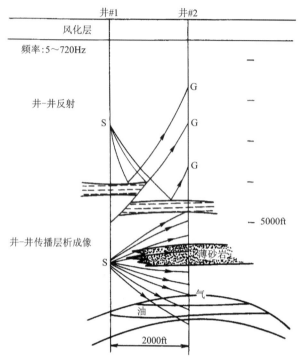

图 7-1 应用井间地震技术的储层表征（1ft＝30.48cm）

成,而井间储层参数分布则通过井间插值来完成。

1）井间砂体对比

传统的井间砂体对比主要依据井对的测井曲线的相似性或差异性来进行井间砂体解释（井间砂体连接或尖灭）。实际上,科学的井间砂体对比应是利用多学科方法进行综合一体化的解释过程（图 7-2）。

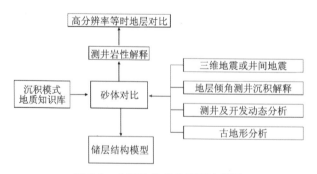

图 7-2 井间砂体对比简要流程图

井间砂体对比的最重要基础是高分辨率的等时地层对比及沉积模式。高分辨率等时地层对比主要为砂体对比提供等时地层框架,其关键是应用层序地层学原理,识别并对比反映基准面高频变化的关键面（如洪泛面、海侵冲刷面等）或高频基准面转换旋回。其主要方法包括岩心对比分析、自然伽马（或自然伽马能谱）测井对比分析、高分辨率地震资料的测井约束反演分析、井间地震资料分析、高分辨率磁性地层学分析、岩石和流体性质分析、油藏压力分析等。

沉积模式主要用于指导砂体对比过程,因为砂体空间分布受沉积相的控制,因此在砂体对比之前,必须根据岩心、测井甚至地震资料识别沉积相类型,建立研究区的沉积模式,并应用沉积学原理指导砂体对比过程。

在砂体对比过程中,应充分利用以下资料、方法和技术。

(1)应用地质知识库指导砂体对比。地质知识库主要为砂体几何形态(砂体宽厚比、长宽比、砂泥比、隔夹层密度及频率等)以及砂体连通关系(垂向叠置、侧向叠置、孤立状等)的统计知识。这一统计知识来源于与研究区沉积特征相似的露头、现代沉积环境或开发成熟油田的密井网区。

(2)通过三维地震资料的精细解释或井间地震资料分析,获取砂体几何形态及连续性的宏观信息。在缺乏井间地震的情况下,三维地震资料的测井约束反演能提供高分辨率的砂体连续性信息。

(3)通过地层倾角测井沉积学解释,获取砂体定向信息。

(4)通过地层测试(远程现场测试 RFT、脉冲试井、示踪剂试井)及开发动态分析,获取砂体连通性信息。

(5)应用古地形资料,帮助进行砂体对比。

砂体对比的准确程度取决于井距大小和储层结构的复杂程度。如果井网密度很大,可建立确定性的储层结构模型;如果井网密度略小,可建立确定性与概率相结合的储层结构模型;如果井网密度太小(井距太大或结构太复杂),就不可能进行详细的、确定的砂体对比,在这种情况下,可应用随机模拟方法建立随机储层模型。

2)井间插值

井间插值是建立确定性储层参数分布模型的常用方法。在储层建模中,一般是先对储层格架进行三维网格化,然后应用插值法对每个网格赋以储层参数值(孔隙度、渗透率或含油饱和度)。对于具千层饼状结构的储层来说,可采用"一步建模"的赋值途径;而对于具拼合状或迷宫状结构的储层来说,应采用"相控建模"或"二步建模"的赋值途径。

井间插值方法很多,大致可分为传统的统计学估值方法和地质统计学估值方法(主要是克里格方法)。传统的数理统计学插值方法(如反距离平方法)只考虑观测点与待估点之间的距离,而不考虑地质规律所造成的储层参数在空间上的相关性,因此插值精度相对较低。为了提高对储层参数的估值精度,人们广泛应用克里格方法来进行井间插值。

克里格方法是地质统计学的核心,它是随着采矿业的发展而兴起的一门新兴的应用数学的分支。

克里格方法主要应用变异函数和协方差函数来研究在空间上既有随机性又有相关性的变量(即区域化变量)的分布。从井剖面中获取的储层参数如孔隙度、渗透率、流体饱和度、泥质含量均为区域化变量。

克里格方法估值,是根据待估点周围的若干已知信息,应用变异函数所特有的性质,对估点的未知值作出最优(即估计方差最小)、无偏(即估计值的均值与观测值的均值相同)的估计。

在应用克里格方法进行井间(点间)估值时,首先要确定待估点周围的已知数值点的参数对待估点的贡献大小(即加权值),然后进行估值计算。克里格方法对待估点的表达式为

$$Z^n(X) = \sum_{i=1}^{n} \lambda_i Z_i(X_i)$$

式中:$Z^n(X)$为待估点的克里格估计值;$Z^n(X_i)$为待点周围某点X_i处的观测值,$i=1,2,3,\cdots,n$;λ_i为X_i的权系数,表示X_i点值对估值$Z^n(X)$的贡献大小。克里格方法较多,如简单克里格法、普通克里格法、泛克里格法、因子克里格法、协同克里格法、指示克里格法等。这些方法可用于不同地质条件下的参数预测。

克里格方法是一种光滑内插方法,实际上是特殊的加权平均法,它难以表征井间储层参数的细微变化和离散性(如井间渗透率的复杂变化),同时,克里格法为局部估值方法,对参数分布的整体结构性考虑不够,因而,当储层连续性差、井距较大且井点分布不均匀时,则估值误差较大。因此,克里格方法所给出的井间插值虽然是确定的值,但并非真实的值,仅是接近于真实的值,其误差大小取决于方法本身的适用性及客观地质条件。然而,就井间估值而言,克里格方法比传统的数理统计方法如反距离平方法更能反映客观地质规律,估值精度相对较高,是定量描述储层的有力工具。

二、储层三维建模步骤

储层建模的主要目的是将储层结构和储层参数的空间变化用图形显示出来。一般来讲,确定性储层三维建模过程有以下四个主要环节。

1. 数据准备

储层建模至少需要以下四类数据,并建成数据库。
(1)坐标数据:包括井位坐标、深度;地震测网坐标等。
(2)分层数据:各井的油组、砂层组和小层的划分对比数据;地震资料解释的层面数据等。
(3)断层数据:断层位置、断点、断距等。
(4)储层数据:砂体厚度及顶底界深度、孔隙度、渗透率、含油饱和度等数据(主要为井数据)。

2. 建立井模型和地层格架模型

井模型即井内不同深度点的储层性质和参数(砂体或泥岩、孔隙度、渗透率、含油饱和度),这是空间赋值的基础。

地层格架模型是由坐标数据、分层数据和断层数据建立的叠合层面模型,即首先通过插值法,形成各个等时层的顶、底层面模型(即层面构造模型),然后将各个层面模型进行空间叠合,建立储层的空间格架,并进行三维网格化。

3. 三维空间赋值

利用井模型提供的数据,按照给定的插值方法,对储层格架内每个三维网块进行赋值,建

立储层参数的三维数据体(即储层数字模型)。

4. 图形处理与显示

对三维数据体进行图形变换,以图形的形式显示出来,可以是三维显示,还可任意旋转显示不同方向切片。

在三维建模软件中,上述四个环节的技术问题已基本解决。但对于三维空间赋值的精度,还有许多问题需要解决。三维空间赋值本质上是井间砂体参数的预测,其精度决定着所建模型的精度,而提高预测精度是建模的核心,也是储层地质工作者今后的攻关目标。

第三节 储层随机建模

一、随机建模概论

1. 随机建模的意义

地下储层本身是确定的,它是许多复杂地质过程(沉积作用、成岩作用和构造作用)综合的、最终的结果,具有确定的性质和特征。但是,在现有资料不完善的条件下,由于储层结构空间配置与储层参数空间变化的复杂性,人们又难以掌握任一尺度下储层确定且真实的特征或性质。特别是对于连续性较差且非均质性强的陆相储层来说,难以精确表征储层的特征。这样,由于认识程度的不足,储层描述便具有不确定性。这些需要通过"猜测"而确定的储层性质,即为储层的随机性质。

由于储层的随机性,储层预测结果便具有多解性。因此,应用确定性建模方法作出的唯一的预测结果便具有一定的不确定性,以此作为决策基础便具有风险性。为此,人们广泛应用随机建模方法对储层进行模拟和预测。

所谓随机建模,是指以已知的信息为基础,以随机函数为理论,应用随机模拟方法,产生可选的、等概率的储层模型的方法。这种方法承认控制点以外的储层参数具有一定的不确定性,即具有一定的随机性。因此采用随机建模方法所建立的储层模型不是一个,而是多个,即所谓的可选储层模型,以满足油田开发决策在一定风险范围的正确性,这是与确定性建模方法的重要差别。对于每一种实现(即模型),所模拟参数的统计学理论分布特征与控制点参数值统计分布是一致的,即所谓等概率。各个实现之间的差别则是储层不确定性的直接反映。如果所有实现都相同或相差很小,说明模型中的不确定性因素少;如果各实现之间相差较大,则说明不确定性大。由此可见,随机建模的重要目的之一便是对储层不确定性的评价。另外,随机模拟可以"超越"地震分辨率,提供井间岩石参数米级或十米级的变化。因此,随机建模可对储层非均质性进行高分辨率的表征。

在实际应用中,利用多个等概率随机模型进行油藏数值模拟,可以得到一簇动态预测结果,据此可对油藏开发动态预测的不确定性进行综合分析,从而提高动态预测的可靠性。

2. 随机模拟与克里格插值

随机模拟是以随机函数理论为基础的。随机函数由一个区域化变量的分布函数和协方差函数(或变差函数)来表征。一个随机函数 $Z(X)$ 有无数个可能的实现。模拟的基本思想是从一个随机函数抽取多个可能的实现。若用观测的实验数据对模拟过程进行条件限制,使得采样点的模拟值与实测值相同,就称为条件模拟;而无条件限制的模拟则为非条件模拟。

随机模拟与克里格插值有较大的差别,主要表现在以下三个方面。

(1)克里格插值主要考虑局部估计值的精确程度,力图对估点的未知值作出最优(估计方差最小)的、无偏(估计值均值与观测点值均值相同)的估计,而不考虑所有估计值的最终空间相关性,而模拟首先考虑的是结果的整体性质和模拟值的统计空间相关性,其次才是局部估计值的精确程度。

(2)克里格插值给出观测值间的平滑估值(如绘出研究对象的平滑曲线图),而削弱了真实观测数据的离散性(克里格插值为减小估计方差,对真实观测数据的离散性进行了平滑处理),忽略了井间的细微变化;而条件随机模拟通过在插值模型中系统地加上"随机噪声",这样产生的结果比插值模型"真实得多"。"随机噪声"正是井间的细微变化,虽然对于每一个局部的点,模拟值并不完全是真实的,估计方差甚至比克里格插值的更大,但模拟曲线能更好地表现真实曲线的波动情况(图7-3)。

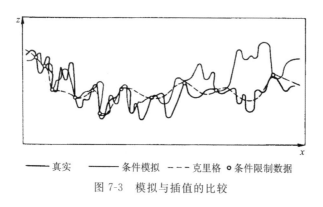

——真实　——条件模拟　---克里格　○条件限制数据

图7-3　模拟与插值的比较

(3)克里格插值只产生一个储层模型,而在随机建模中,则产生许多可选的模型,各种模型之间的差别正是空间不确定性的反映。

随机建模对于储层非均质的研究具有更大的优势,因为随机模拟更能反映储层性质的离散性,这对油田开发生产尤为重要。克里格插值掩盖了非均质程度(即离散性),特别是离散性明显的储层参数(如渗透率)的非均质程度,因而不适用于渗透率非均质性的表征。当然,对于一些离散性不大的储层参数,如孔隙度,应用克里格插值研究其空间分布,并用于估计储量,具有方便、快速、准确的特点。

3. 随机模型、算法及方法

随机模型是指具有一定概率分布理论、表征研究现象随机特征的统计模型。

根据研究现象的随机特征,随机模型可分为两大类:离散模型和连续模型。

(1)离散模型:主要用于描述具有离散性质的地质特征,如沉积相分布(图 7-4),砂体位置和大小,泥质隔夹层的分布和大小,裂缝和断层的分布、大小、方位等;标点过程、截断随机域、马尔柯夫随机域、二点直方图等都属离散随机模型。

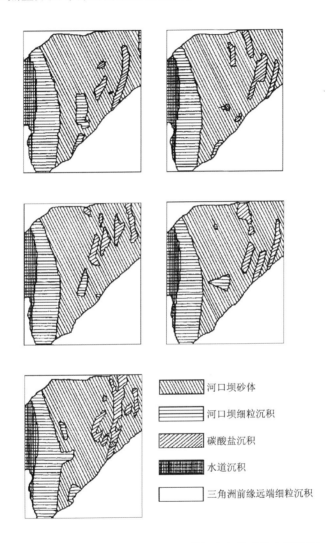

图 7-4　离散模型的不同实现(图示三维沉积相模型的水平切片)

(2)连续模型:主要用于描述连续变量的空间分布,如孔隙度、渗透率、流体饱和度、地震层速度、油水界面等参数的空间分布(图 7-5);高斯域、分形随机域等都属连续随机模型。

离散模型和连续模型的结合即构成混合模型,亦称二步模型,即第一步应用离散模型描述储层的大规模非均质特征,如沉积相、砂体结构或流动单元,第二步应用连续模型描述各沉积相(砂体或流动单元)内部的岩石物理参数的空间变化特征。这种建模方法即为"二步建模"方法。

根据模拟单元的特征,可将随机模型分为两大类,即基于目标的随机模型和基于象元的随机模型。对于基于目标的随机模型,其基本模拟单元为目标物体(即是离散性质的地质特征,如沉积相、流动单元等);标点过程(布尔模型)即属此类。

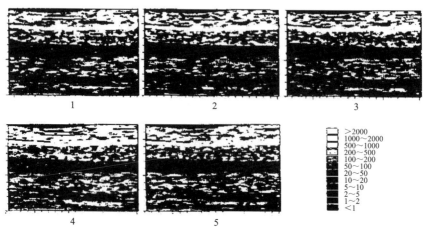

图 7-5　连续模型的不同实现(图为三维渗透率模型的垂直切片)

对于基于象元的随机模型,其基本模拟单元为象元(相当于网格化储层格架中的单个网格),既可用于连续性储层参数的模拟,也可用于离散地质体的模拟;这类模型包括高斯域、截断高斯域、指示模拟、分形随机域、马尔柯夫随机域和二点直方图等。

随机模拟方法是指根据随机模型和算法而产生模拟结果的技术或程序。模拟算法指的是模拟过程中的数学规则,如序贯模拟算法、误差模拟算法、概率场模拟算法、优化算法(模拟退化和迭代算法)等。一般来讲,模拟方法可分为两大类:基于目标的方法(即以目标物体为基本模拟单元)和基于象元的方法(即以象元为基本模拟单元)。基于目标的方法主要应用标点过程模型和优化算法(模拟退火或 Metropolis-Hasting 算法),进行离散物体的随机模拟。基于象元的方法实际上为基于象元的随机模型与各种算法的结合,如将序贯模拟算法应用于高斯域模型则为序贯高斯模拟方法,将序贯模拟算法应用于指示模拟中则为序贯指示模拟方法等。

表 7-1 综述了随机模型、算法及方法的分类。在此补充说明的是,随机成因模型未包括在此分类表中,因为严格说来,它并不属于基于随机函数的随机模型的范畴,而是基于成因的模拟方法(尽管该模型中包含一些随机性质)。

表 7-1　随机模型、算法及方法

算法及模型性质 随机模型		序贯模拟	误差模拟	概率场模拟	优化算法 (模拟退火及迭代算法)	模型性质
基于目标的 随机模型	标点过程 (布尔模型)				标点过程模拟(应用 模拟退火或迭代算法)	离散

续表 7-1

随机模型	算法及模型性质	序贯模拟	误差模拟	概率场模拟	优化算法（模拟退火及迭代算法）	模型性质
基于象元的随机模型	高斯域	①序贯高斯模拟；②LU 模拟	转带模拟	概率场高斯模拟	优化算法可用作后处理	连续
	截断高斯随机域	截断高斯模拟	截断高斯模拟	截断高斯模拟	优化算法可用作后处理	离散
	指示模拟	序贯指示模拟		概率场指示模拟	优化算法可用作后处理	离散/连续
	分形随机域		分形模拟		优化算法可用作后处理	连续
	马尔柯夫随机域				马尔柯夫模拟（应用迭代算法）	离散/连续
	二点直方图				二点直方图很少单独使用，主要用于模拟退火后处理	离散

二、随机模型的特征及其地质适用性

自随机模拟引入石油工业以来，学者们基于多种目的（如模拟目标、计算速度等）提出了多种随机模拟方法，包括不同的随机模型和不同的模拟算法。地质统计学家们往往侧重于对算法的改进、更新以及如何提高计算速度，而对不同方法在不同地质条件的适用性研究不够，以至于这方面的论述十分少见。随机模型理论及应用研究表明，不同随机模型对不同的地质条件（如不同的沉积相）有一定的适用性。若模型选用不当，其模拟实现与地质实际会有较大的差别。在此，从以下两个方面，即离散特征建模和连续参数建模，论述不同随机模型和不同随机模拟方法在不同地质条件下的适用性。

1. 离散特征建模的随机模型及其地质适用性

在诸多随机模型中，用于离散特征随机模拟的随机模型主要有标点过程、截断高斯随机域、指示模拟、马尔柯夫随机域和二点直方图。下面，分别介绍各随机模型的特征及其在不同地质条件下的适用性。

1）标点过程（布尔模型）

标点过程的基本思路是根据点过程的概率定律按照空间中几何物体的分布规律，产生这些物体的中心点的空间分布，然后将物体性质（如物体几何形状、大小、方向等）标注于各点之上。从地质统计学角度来讲，标点过程模拟即是要模拟物体点及其性质在三维空间的联合分布。

从标点过程的理论来看,模拟过程是将物体"投放"于三维空间,亦即将目标体投放于背景相中。因此,这种方法适合于具有背景相的目标(物体或相)模拟,如冲积体系的河道和决口扇(其背景相为泛滥平原)、三角洲分河流道和河口坝(其背景相为河道间和湖相泥岩)、浊积扇中的浊积水道(其背景相为深水泥岩)、滨浅海障壁砂坝、潮汐水道等(其背景相为潟湖或浅海泥岩)。另外,砂体中的非渗透泥质夹层、钙质胶结带、断层、裂缝均可利用此方法来模拟。

由于该方法的不断改进,以前存在的许多缺点(如难以符合井资料和地震资料,目标物体形状简单化,仅适合于稀井网等)已基本克服。但是,该方法的应用要求很强的先验地质知识,如各相的体积含量、各相几何形态(长、宽、厚等)。

2) 截断高斯随机域

截断高斯随机域属于离散随机模型。模拟过程是通过一系列门槛值,截断规则网格中的三维连续变量而建立离散物体三维分布的随机建模方法。在截断高斯模拟中,有两个关键步骤,首先是建立三维连续变量的分布,然后通过门槛值及门槛规则对连续变量分布进行截断以获得离散物体的模拟实现。连续三维变量分布是通过高斯域模型来建立的,其中,连续变量(如粒度中值)首先转换成高斯分布(正态分布),然后通过变差函数模型,应用任一连续高斯域模拟方法建立三维连续变量的分布。另外,通过对离散物体(如不同沉积相)的编码并进行高斯域模拟,也可得到三维连续变量的分布。门槛值可通过实际资料的统计而获得。根据地质规律,可限定门槛趋势,如在不同深度或平面上的不同位置给定不同的门槛值。

由于离散物体的分布取决于一系列门槛值对连续变量的截断,因此,模拟实现中的相分布将是排序的。如图7-6所示,相1、相2和相3依次分布。相1与相2接触,相2与相3接触,而相1不可能与相3直接接触。由此可见,这一方法适合于相带呈排序分布的沉积相模拟,如三角洲(平原、前缘和前三角洲)、呈同心分布的湖相(滨湖、浅湖、深湖)、滨面(上滨、中滨、下滨)的随机模拟。

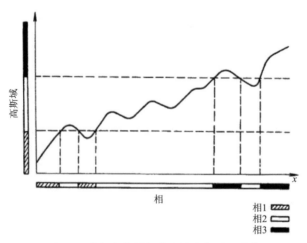

图 7-6 截断高斯模拟中连续高斯域的截断

另外,模拟实现中的相边界不甚光滑,一些中滨相的象元(深灰色)零星分布于上滨(浅灰)和下滨(黑色)中,这类现象的产生是基于象元及二点统计学(如变差函数)的随机模型所共有的缺陷。

3) 指示模拟

指示模拟既可用于离散的类型变量,又可用于离散化的连续变量类别的随机模拟,在此仅讨论离散物体的指示模拟。

指示模拟的最大特点是指示变换。对于模拟目标区内的每一类相,当它出现于某一位置时,指示变量为1,否则为0。原始数据可直接进行指示变换,而待模拟的指示变量的性质和位置是通过待模拟相的平均频率(即指示变差函数)给定的。

在模拟过程中,对于三维空间的每一网格(象元),首先通过指示克里格估计各类型变量(设为 k 个)的条件概率,接着确定 k 个类型的任意次序(如 $1,2,\cdots,k$),并归一化使所有类型变量的条件概率之和为1,以确定该象元的条件分布概率函数;然后在条件概率分布函数中随机提取随机数 p,该随机数 p 所落在的区间则决定了该象元的模拟类型。这一过程在其他各个象元进行运行,便可得到研究区内的类型变量分布的随机图像。

在某一象元的条件概率分布函数的计算中(设为第 i 个象元,$i=1,2,\cdots,n$),如果条件数据既包括原始条件数据(井数据、地震数据、试井数据),还包括先前的模拟结果(即已模拟的1至 $i-1$ 个象元的模拟值),则该模拟方法为序贯指示模拟,否则属于概率场指示模拟的范畴,其中,各象元的条件概率分布函数仅依据于原始条件数据,因此各次模拟实现所使用的条件概率分布函数都是固定的。

指示模拟最大的优点是可以模拟复杂各向异性的地质现象。各个类型变量均对应于一个变差函数,也就是说,对于具有不同连续性分布的类型变量(相),可给定不同的变差函数,从而可建立各向异性的模拟图像。另外,指示模拟除可以符合硬数据(如井数据)外,还可符合软数据(如地震、试井数据)。

然而,指示模拟也存在一些问题。其一,模拟结果有时并不能很好地恢复输入的变差函数;其二,在条件数据点较少且模拟目标各向异性较强时,难以计算各类型变量的变差函数;其三,像所有的基于象元的随机模型一样,指示模拟也不能很好地恢复指定的模拟目标的几何形态(尤其是相边界),如一些类型变量以一个或几个象元为单元零星地分布。

4) 马尔柯夫随机域

马尔柯夫随机域既可用于离散变量又可用于离散化连续变量类别的随机模拟。

马尔柯夫随机域的基本性质是某一象元某类型变量的条件概率仅取决于邻近象元的值。在实际应用中,条件概率常表达为邻近象元之间相互关联的指数函数。模拟算法常采用迭代算法(如 Metropolis-Hastings 算法),即开始时给定一个非相关的初始图像,然后逐步进行迭代,直到满足指定的条件概率分布为止。

为了克服马尔柯夫随机域条件概率仅依据局部邻区的缺点,20世纪90年代初又提出了半马尔柯夫随机。该模型用于相和岩性模拟,在该模型中,象元岩性不是取决于局部邻区,而取决于较大的区域。输入参数包括类型变量的分布范围、边界关系、各类型变量的含量等。

马尔柯夫随机域及半马尔柯夫随机域可用于镶嵌状分布的相(或岩性)的随机模拟以及单一类型的相(或岩性)的分布(如砂体内钙银质胶结层的分布)模拟。虽然这类模型广泛应用于图像处理和统计物理学,但由于地质情况的复杂性,因而在实际地质应用中该模型存在很大的不足:其一,条件概率的确定相当复杂,特别是在条件数据有限时更困难;其二,难以很好地恢复相的几何形态;其三,难以应用软数据(虽然很容易符合硬数据);其四,模拟聚敛很慢。因此,目前这类模型应用很少,且现有的应用主要限于二维模拟。

5)二点直方图

二点直方图主要用于类型变量的随机模拟。它属于二点统计学的范畴,其主要特征是在空间范围内两个相距一定距离的象元分属于不同类型变量的转换概率分布。在特定偏移距所有两元类型变量的转移概率即构成二点直方图模型。

二点直方图主要应用优化算法(如模拟退火)进行随机模拟。由于转换概率的计算在条件数据有限时很难进行,因此在实际应用中要求一个与待模拟地区地质条件相近的、数据密度较高的原型模拟(或叫训待图像)。这种要求实际上限制了二点直方图的广泛应用。

二点直方图可用于镶嵌状分布的沉积相(或岩性)随机模拟,也可用于只有两个相存在的条件下沉积相的随机模拟。在实际应用中,二点直方图常应用于模拟退火中作为其他随机实现的后处理。图7-7即为二点直方图用于模拟退火,以对序贯指示模拟的实现进行后处理。这种方法也不能很好地恢复相的几何形态。

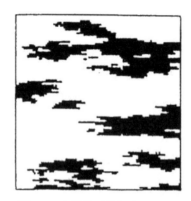 

图7-7 序贯指示模拟实现(左)及应用二点直方图的模拟退火处理(右)

综上所述,用于沉积相(和岩性)随机建模的随机模型主要有标点过程、截断高斯随机域、指示模拟、马尔柯夫随机域和二点直方图。在待模拟目标区存在多种沉积相(或岩性)的情况下,标点过程适用于具背景相的沉积相(或岩性)的随机模拟,截断高斯随机域适用于具排序规律的沉积相(或岩性)的随机模拟,指示模拟、马尔柯夫随机域和二点直方图适用于具镶嵌结构的沉积相(或岩性)的随机模拟。在待模拟目标区只有两种相(或岩性)的情况下,上述各种模型均可使用,但由于所有基于象元的随机模型均不能很好地恢复相(或岩性)的几何形态(尤其是相边界),因此,在这种情况下应尽量使用基于目标的随机模型(标点过程)。

2. 连续参数建模的随机模型及其地质适用性

用于岩石物理参数建模的随机模型主要有高斯随机域、分形随机域、指示模拟和马尔柯夫随机域。

1)高斯随机域

高斯随机域是最经典的随机函数模型。该模型的最大特征是随机变量符合高斯分布(正态分布)。在实际应用中,首先需要将区域化变量(如孔隙度、渗透率)进行正态得分变换(变换为高斯分布),然后,通过变差函数获取变换后随机变量的条件概率分布函数,从条件概率分布函数中随机地提取分位数,得到正态得分模拟实现,最后将模拟结果进行反变换,得到随机变量的模拟实现。

高斯模拟可以采用多种算法,如序贯模拟、误差模拟(如转带法)、概率场模拟等。在实际应用中,人们多应用序贯模拟算法,即序贯高斯模拟。在该方法中,模拟过程是从一个象元到另一个象元序贯进行的,而且用于计算某象元条件概率分布函数的条件数据除原始数据外,还考虑已模拟的所有数据。

高斯模拟是应用很广泛的连续性变量随机模拟方法。但在应用过程中,应注意以下两点:a. 检验正态得分变换后样品数据是否符合双元正态性,如果符合则可使用该方法,否则应考虑其他模拟方法;b. 高斯模拟不大适合具有奇异值分布的连续性变量的随机模拟。

2)分形随机域

分形随机域的最大特征是其自相似性,即局部与整体相似。在分形模拟中,主要应用统计自相似性,即任何规模上变量的变化与任何其他规模上变量的变化相似,也即任一规模上变量的方差与其他规模上变量的方差成正比,其比率取决于分形维数(或间断指数)。

分形随机域最引人注目的特征是其自相似性,这也是它最大的优点。在确定随机变量符合分形特征后,便可根据自相似性原理应用少量数据预测整个模拟目标区的变量分布。然而,分形模拟在应用中,一定要注意如下几点。

(1)检验待模拟变量是否具有分形特征。值得注意的是,由于地质情况的复杂性,不同规模的地质特征受控于不同的地质控制因素(如砂体规模的渗透率受控于沉积相和成岩相的空间展布,而层理规模的渗透率受到层理性质及局部成岩作用的强烈影响),因此在地质特征很复杂的情况下,很多地质变量不一定符合分形特征。

(2)检验垂向与平面上的分形特征的差别。在很多分形模拟的应用中,由于数据点比较稀少,往往借用垂向分形维数代替平面分形维数。虽然很多学者认为垂向与平面上的分形特征相似,但值得注意的是,当模拟目标区纵横向相变不符合沃尔特相序时,垂向和平面上的分形特征肯定是有差别的。

3)指示模拟和马尔柯夫随机域

这2种方法的统计学理论和算法均有很大的差别(前文已介绍),但它们有一个共同点,即既可用于离散目标的随机模拟,又可用于离散化的连续变量类别的随机模拟。在连续性参数的模拟过程中,首先通过一系列门槛值将连续性变量离散化成为一系列变量类别,然后针对这些变量类别进行模拟。由于不同类别可赋予(通过统计获得)不同的连续性函数,因此模拟实现可反映变量的各向异性,特别是奇异值分布。从这一点来看,它们比高斯模拟具有较大的优势。然而,对于马尔柯夫随机域来说,统计推断及参数求取十分复杂,因而其应用不广泛。事实上,对具有奇异值分布的复杂各向异性的连续性变量的随机模拟,多应用指示模拟方法。值得注意的是,该方法仅是对连续性变量类别进行模拟,因此模拟实现虽然能恢复门槛处的指示变差函数,但并不能完全恢复原始的变差函数,特别是在离散化的类别较少时,会产生额外的噪声(块金效应)。

综上所述，用于岩石物理参数建模的随机模型主要有高斯随机域、分形随机域、指示模拟和马尔柯夫随机域。高斯随机域适用于各向异性不强的条件下连续变量的随机模拟，指示模拟适用于复杂各向异性的、具奇异值分布的连续变量的随机模拟；分形随机域适用于在随机变量具有统计自相似性条件下连续变量的随机模拟（数据点较少时），能充分显示该方法的优越性。马尔柯夫随机域可用于复杂各向异性条件下连续变量的随机模拟，但由于其统计推断和参数求取十分复杂（要求有训练图像），因此目前很少应用。

三、随机建模步骤

随机建模的步骤与确定性建模有所差别，主要差别在于空间赋值方式。下面介绍随机建模（图7-8）的主要步骤。

1）建立原始数据库

任何储层模型的建立都是从数据库开始的。与确定性建模相似，原始数据库包括坐标数据、分层数据、断层数据、储层数据。

原始数据库主要作用：①建立模型的构造格架；②用于建立定性的地质概念模型，以指导随机建模过程；③用作模拟的条件限制；④用于模拟统计特征值的确定。

2）建立定性地质概念模式

根据原始数据库及其他基础地质资料，建立定性储层地质概念模式，如沉积模式、砂体连续性模式、储层非均质模式等。

定性储层地质概念模式在随机建模中主要用于：①选择随机模拟方法；②选择模拟统计特征参数；③指导模拟实现的优选。

3）选择随机模拟方法

在众多的随机模拟方法中，选择一种或几种适合于研究区地质特征的随机模拟方法。

首先，确定模拟途径，即"一步建模"方法或"二步建模"方法。若储层结构为千层饼状，三维空间上沉积差异小，则可采用"一步建模"方法，应用连续性随机模型，直接建立储层参数分布模型；如果研究区沉积相差异大，储层结构复杂，则应采用"二步建模"方法，首先应用离散随机模型建立砂体结构（或沉积相）模型，然后应用连续性随机模型通过"相控建模"建立储层参数分布模型。若储层内存在对流体渗流影响较大的裂缝，甚至要采用"三步建模"方法，即在"二步建模"所建立的储层模型基础上，对裂缝分布进行模拟。

然后，选择随机模型及相应的方法，主要根据研究区地质特征（地质概念模式）及随机模型的地质适用性进行选择。例如，若对三角洲平原分流河道砂体的分布进行模拟，可选择标点过程模拟方法；若对滨面相进行模拟，可采用截断高斯模拟方法。

4）确定模拟统计特征参数

统计特征参数是随机模拟所需要的重要输入参数。与确定性建模不同的是，空间赋值方式不是依据井点原始数据进行井间插值，而是应用统计特征参数按照随机模型的规则在研究区进行地质特征或参数的整体模拟。在随机模拟过程中，井点数据（原始数据）仅作为条件限制数据。

对于不同的随机模拟方法，模拟输入的统计特征参数有所不同，如标点过程要求的统计特征参数主要为砂体(或相)的形态特征(如形状、长宽比、宽厚比)、产状特征、砂泥比等;高斯域的统计特征参数主要为变差函数特征值和概率密度函数特征值等。

一般来讲,当模拟目标区井点较多时,统计特征参数可通过井点数据来求取。然而,在井点较少的情况下,一般很难把握储层性质和参数的地质统计特征(尤其是侧向变差函数、侧向分形特征、概率密度函数、砂体宽厚比、长短轴比等),因此,必须通过地质类比分析,即通过对原型模型的解剖,把握模拟目标区储层(性质)参数的地质统计特征。

所谓原型模型是指与模拟目标区储层特征相似的露头、开发成熟油田的密井网区或现代沉积环境的精细储层模型。原型模型的选择有两个基本原则:一是原型模型区与地下储层沉积特征相似,最理想的是油田地下储层在盆地边缘出露的露头;二是具有密集采样的条件,采样点密度必须比模拟目标区的井点密度大得多。对于露头区和现代沉积区,可以进行三维空间的砂体结构测量,并可在三维空间进行密集采样和岩石物性(孔隙度、渗透率等)测定,取样网格可密至米级甚至厘米级,因此,可建立十分精细的三维储层地质模型(结构模型和参数分布模型)。在开发成熟油田的密井网区,尤其是具有成对井的密井网区,也可建立原型模型,只不过精度比露头或现代沉积低,但可用于相对稀井网区的随机建模研究。

应用原型模型,不仅可以为模拟目标区提供模拟需要的地质统计特征参数,而且可以推导或优选适用于某类成因类型储层的地质统计学方法,即通过对模型采样点的抽稀分析,检验不同地质统计学方法对这类储层进行参数预测的精确度,然后选择(或通过修改提炼)一种精确度最高的方法对同类地下储层进行地质建模。

5)进行随机模拟,建立一簇储层模型

应用合适的随机模拟方法,进行随机建模,得出一簇储层模型。

6)随机实现的优选

对于建立的一簇随机实现,应用储层地质概念模式,对随机实现进行优选,选出一些符合储层地质概念模式的随机实现(数学储层模型),在模型粗化之后,作为油藏模拟的输入。

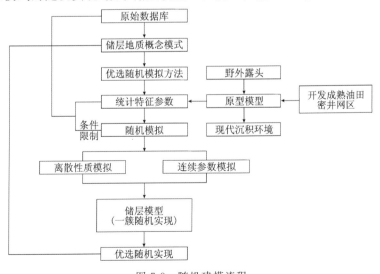

图 7-8 随机建模流程

第四节　碳酸盐岩储层建模

以英买32井区为例,建立碳酸盐岩储层三维地质模型。针对英买32研究区井控程度低但井网分布均匀,地层倾角大的特点,采用如下建模思路:①确定性建模和随机建模相结合;②多信息协同模拟,采用地震多属性融合约束岩相模型;③两步法(相控)建模策略,采用稳健的序贯高斯模拟在岩相的控制下建立孔隙度和渗透率模型。

具体来说,在白云岩储层的表征、成因研究的基础上,划分单井低渗透层,并在野外低渗透层分布模式的指导下,建立英买32区块低渗透层分布模型,井震结合建立地震-层序格架,以此构建低频格架模型;在格架模型基础上用单井岩石结构数建立岩相模型,平面上则用地震多属性融合聚类分析约束,之后再在岩相模型上建立属性模型。英买32井区油藏建模技术路线见图7-9。

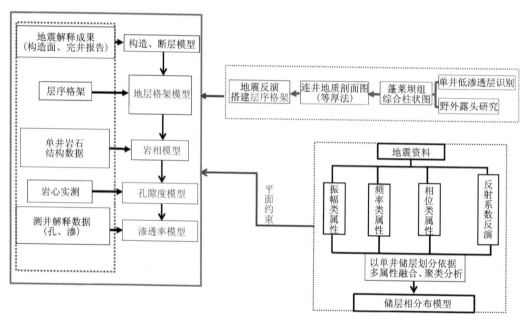

图 7-9　油藏建模技术路线简图

一、构造建模

在地质建模过程中,三维构造建模是储层建模和属性建模的前提,也是对所建模区域地质骨架的反映,因此对于地质建模具有重要的意义。构造建模主要包括地层层面模型和断层模型。地层层面控制了所模拟的地质体在空间的位置,各层的厚度及平面展布情况;断层模型控制了工区内各断块的边界及其相互配置关系。

在油藏的识别和预测研究中,构造解释的精度直接影响储层的参数反演、低幅度构造识别及对油气藏类型的认识,如果构造解释误差较大,不仅小断层无法刻画,还会造成串层,从而导致预测结果不准确,因此精细的构造解释是整个储层预测建模的重要基础,本书采用的解释数据来源于塔里木油田奥陶系潜山顶面构造。

1. 建模数据准备

21口井的井点坐标、钻井轨迹数据、单井地质分层、测井解释数据；工区内主要目的层的层面构造数据；断层解释数据；工区的边界。导入的单井模型如图7-10所示。

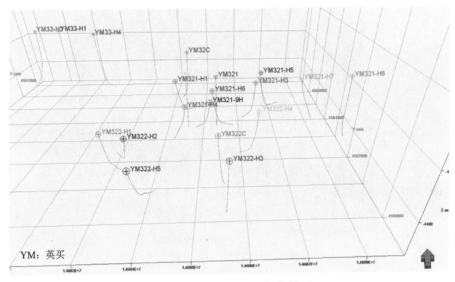

图7-10 单井数据导入初期模型

井数据的准备是最关键的一项工作，必须准确地整理收集关于单井的资料，这样才能合理划分单井岩溶储集体，本次单井储集体的划分是在测井解释的基础上结合产液段和产量数据的，因此本次储层划分考虑了更多的动态数据，这对于地质模型的建立、单井控制产量及后期的数值模拟更加有利。

层面构造、断层数据主要来自地震解释，从该区块构造图来看，英买321井区处于中央隆起带上，大断裂走向为北东-南西，顶面地层平缓，整体呈现低幅度构造（图7-11）。

2. 单井储层划分

本次研究目的层属于奥陶系蓬莱组，但为了更好地反映储层各项参数，建模时仍然先进行全区地质建模，区域地质分层自上而下分别为白垩系、鹰山组、蓬莱坝组、寒武系。

3. 断层模型建立

本区解释断层较多，在建立断层模型过程中，通过其与地震剖面对比，如果两个断层有延伸趋势，拼接起来，最终确定了全区84条断层，这些断层全部穿过研究层位。如果两个断层具有交叉现象，根据其构造面趋势，确定主断层和次断层，将次断层剪断，然后与主断层连接，通过这些处理，建立了断层模型（图7-12）。

图 7-11 研究区的目标层位

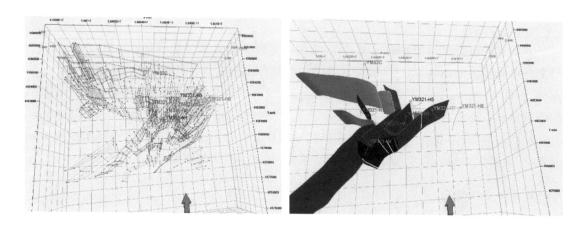

图 7-12 全区断层模型及英买 321 井区断层精细模型

4. 地层模型

构造模型的建立主要根据地层划分和对比结果,通过重新计算各井的井斜和海拔校正,以各个小层的分层数据为单井约束条件,层面模型利用 perel 建模软件层面模型模块采用外部漂移克里金技术建立。外部漂移克里金技术是一种把观测数据与外部趋势数据结合起来的有效方法,它能综合利用钻井分层数据与地震构造层位数据建模。在井点周围估计结果主要受钻井分层数据控制,在远离井点的区域利用地震构造层位数据的趋势,估计结果主要受构造层位数据的影响。本书主要是在奥陶系潜山面构造图约束下,在多井分层数据的控制下建立了地层层面分布模型,图 7-13 为地层层面模型。

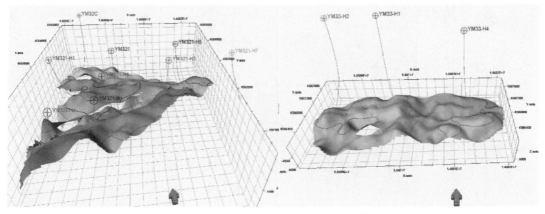

图 7-13　英买 321、英买 33 井区地层层面模型图

二、格架模型的建立

建立格架模型是对油藏低渗透层三维空间表征的一种方法和技术。白云岩油藏内沉积旋回控相、控储作用显著,根据永安坝野外地质结构剖面划分的沉积旋回来看,位于旋回底部的为物性较差的泥粉晶云岩,在旋回顶部为物性较好的细中晶云岩。

根据单井划分的沉积旋回结合地震薄层反演数据体解释区域低渗层格架,SQ1 发育 2 套低渗透格架;SQ2 发育 1 套低渗透格架;SQ3 发育 3 套低渗透格架,厚度稳定,均为 7～13m。

基于储层精细描述,结合地震薄层反射系数反演方法,解释全区 6 套低渗透格架。薄层反演是在 Widess 楔状体模型分析基础上对高分辨率地震体提取子波,最初的 Widess 楔状体模型存在上下两个幅度相同,符号相反的反射系数对(图 7-14),在这种条件下,当地层厚度小于 1/8 波长时,厚度的变化将不会对地震波峰/波谷位置和频率特征带来任何影响,然而,当峰值频率开始下降并在厚度达到零时回到子波的峰值频率,这与 Widess 简单模型得出的结论相悖,因此有必要对 Widess 地震分辨率极限在实际工作中的应用性进行重新认识(图 7-15)。实际情况下,地层上下面的反射系数并不像 Widess 模型那样,而是可以分解成一个"奇"反射系数对,和一个"偶"反射系数对,当"偶"反射系数对为零时,就是 Widess 模型,只要"偶"反射系数对不为零,则不受 Widess 模型分辨率极限的限制。在此认识基础上对地震体反射系数做 30Hz 正演剖面得到的地震体分辨率比常规剖面分辨率有大大的提高。同时,把分布稳定的低渗透层划分为低渗透格架,在格架中起渗流壁障作用的划分为低渗透条带,低渗透条带反射系数非零值。

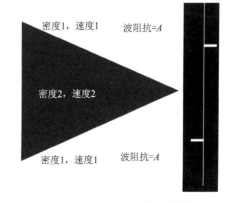

图 7-14　Widess1973 楔状体模型

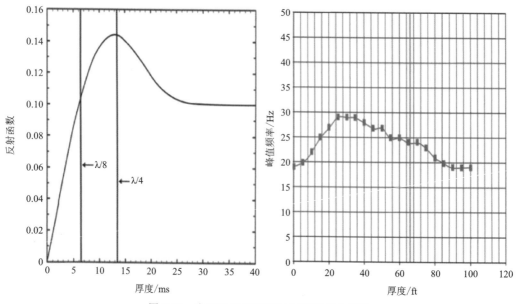

图 7-15 实际地震振幅随时间厚度变化规律

据得出的高分辨率地震体和单井低渗层划分标定结果,对该区分布稳定的 6 套格架层进行解释,据解释结果和单井层序划分结果共同建立地层格架模型(图 7-16)。

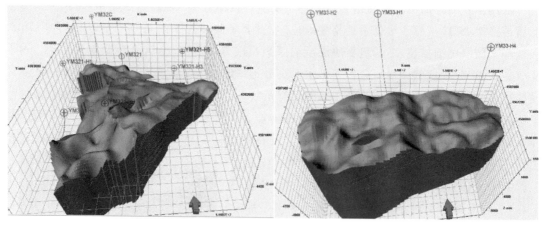

图 7-16 英买 321、英买 33 井区三维地层格架模型

三、属性建模

1. 岩相模型

用于储层随机建模的方法主要有标点过程、截断高斯模拟、序贯指示模拟、马尔柯夫随机域和二点直方图。在待模拟目标区存在多种沉积相的情况下,标点过程适用于具有背景相的沉积相(或岩相)的随机模拟,截断高斯模拟适用于具排序规律的沉积相(或岩相)的随机模拟,序贯指示模拟、马尔柯夫随机域和二点直方图适用于具镶嵌结构的沉积相(或岩相)的随

机模拟。对于具有两种沉积相(或岩相)的储层,可采用标点过程(布尔模拟),该方法可较好地恢复沉积相(或岩相)的几何形态(尤其是相边界),但该算法需要较长的模拟时间,同时,它不能很好地匹配测井数据,将给其后的数值建模带来较大的困难。序贯指示模拟最大的优点是可以模拟复杂各向异性的地质现象,各个类型变量均对应于一个变异函数,也就是说,对于具有不同连续性分布的类型变量(岩相),可给定不同的变异函数,从而可建立各向异性的模拟图像。

单井分析每个低渗层和储层的不同岩性含量,用序贯指示模拟建立单井模型,用多属性融合数据作为第二变量或趋势参与建模计算,能够约束井间插值,外推和模拟能够增加模型平面上的确定性信息,降低不确定性,提高模型符合地下实际情况的程度。其次,地震薄层反演对低渗透格架的解释可用来限定格架内泥粉晶云岩的含量取值范围。

根据单井地质划分,纵向上各地层不同岩性含量分布特征:蓬(蓬莱坝组)上段:含有第3套一类低渗层,泥粉晶白云岩含量高;蓬中段:第6套一类低渗层主要含粉晶云岩,储层以中细晶—中晶白云岩为主;蓬下段:细晶白云岩含量增加,中晶云岩在低渗层的含量明显少于储层段中的含量(图7-17)。

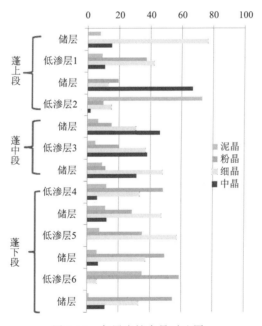

图7-17 各层岩性含量对比图

利用多属性融合数据求取平面和垂向变差函数来控制随机模拟,协同地震划分低渗透层结果共同约束最终建立岩相模型,可以看出每个沉积旋回顶部岩性以中细晶云岩为主,中晶、细晶云岩主要发育向上变浅旋回,粉晶、泥晶白云岩主要发育于向上变深旋回。蓬上段以泥粉晶云岩为主;潜山面以下50m内(蓬中段)储层段以中晶、细晶为主,由西南向北东逐渐减薄;潜山面以下50m外(蓬下段)以泥、粉晶和细晶白云岩为主,少量中晶白云岩(图7-18)。垂向非均质性强,符合油气开发过程中所揭示的地质特征。

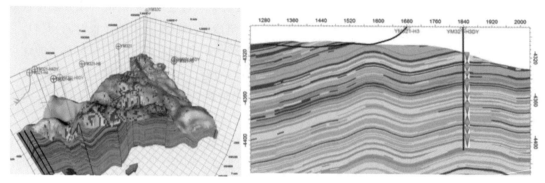

图 7-18 岩相模型与单井旋回对比

2. 孔隙度模型

在数据分析及得到的变差函数模型基础和储层低渗层模型的约束下,进行孔隙度模拟(图 7-19)。白云岩潜山溶蚀孔隙是对早期孔隙的继承和溶蚀扩大,受潜山溶蚀的影响,潜山面以下 30～50m 范围内有利岩相更好。潜山面以下 50m 内:以孔洞型、孔隙-孔洞型储层为主,少量孔隙型储层,孔隙度值较高;潜山面以下 50m 外:以孔隙型储层为主,孔隙度相对较低。

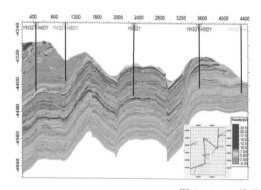 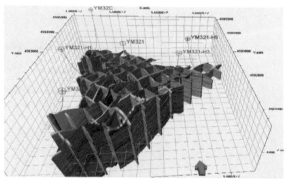

图 7-19 三维孔隙度模型剖面与栅状图

本次建立孔隙度模型是根据变差函数的基本原理,在进行属性模拟之前,分层位、分相带建立了不同层位、不同相带的变差函数,其主要目的是确定不同方向的变化。

图 7-20 为不同小层孔隙度变差函数分析数据,然后根据变差函数分析的参数,进行孔隙度的序贯高斯随机模拟。其他需要拟合的参数还有渗透率,拟合时尽量将井点的实际测井数据拟合上。

3. 渗透率模型

在孔隙度模型基础上寻找孔渗相关性(图 7-21)建立渗透率模型;依据指示模拟适合于渗透率模拟的经验算法,选取序贯指示模拟方法,利用孔隙度模型作为次级变量,对渗透率进行

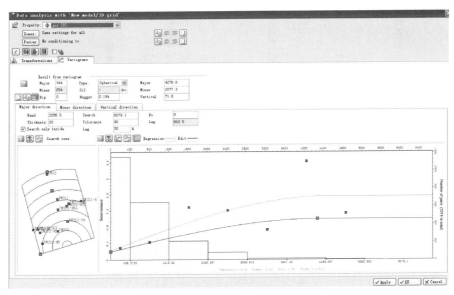

图 7-20 孔隙度变差函数分析图

协同模拟,同时考虑孔隙度和渗透率的关系和渗透率的奇异分布,最终建立的渗透率模型见图 7-22。

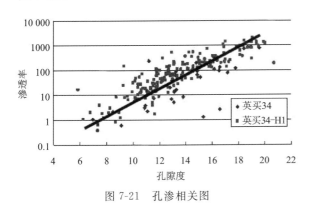

图 7-21 孔渗相关图

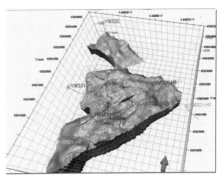

图 7-22 三维渗透率模型图

四、模型质量控制

模型的质量监控主要是判断网格划分和属性建模是否合理,并结合使用动态信息对地质模型进行验证,判别所建模型是否符合地质实际,确保所建模型完全符合确定性信息和动态信息以及地质认识,提高确定性模型的精度。

模型质量主要控制下面 3 个参数:cell angle,各网格相邻网格线夹角偏离 90°的绝对值,不大于 15°;cell inside out,网格产生大变形造成自我体积的内面跑到外面,若该值不为 0 则认为网格扭曲;cell volume,网格体积,不规则网格会导致其体积小,扭曲的网格体积甚至为负值,检验结果见图 7-23。

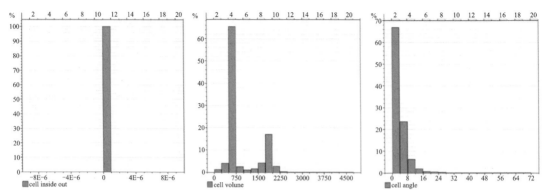

图 7-23　英买 321 井区模型网格质量检验

五、裂缝模型的建立

英买 32 区块是寒武系—奥陶系潜山碳酸盐岩油藏,从已有地质认识来看该区块裂缝发育对油田开发具有重要影响。准确认识裂缝的发育和分布,可以有效改善油田的开发模式和提高储层的储产性能,英买 32 区块的裂缝研究已成为储层评价和预测的重要环节。

传统裂缝建模方法面临较多的困难:①在裂缝型油藏中,地下流体主要在裂缝及其交织成的裂缝网络中进行,尽管现在用连续介质的方式描述裂缝系统,但真实的裂缝网络其实存在着很强的非均质性和不连续性。②目前油藏数值模拟中广泛采用的糖块型模型(图 7-24)是对真实地层的一种高度简化,这种简化必然导致对许多真实细节描述的缺失。③传统的裂缝描述多采用网块系统,用网格单元上的方向渗透率 K_x、K_y 等来描述裂缝的作用;这种描述,会导致从每个网格块的尺度看,各个网格块都是可渗透的,但实质上这些裂缝网络并没有形成网格块之间的连通,另一方面,也会导致从每个网格块的尺度看,网格块是不渗透的,但实质上这些裂缝网络却真正形成了跨越网格块之间的连通(图 7-25、图 7-26)。

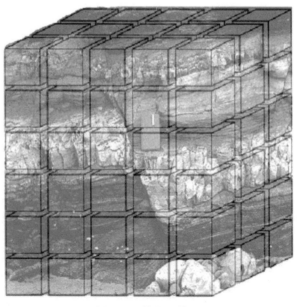

图 7-24　糖块型模型

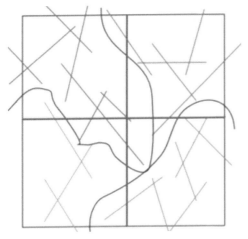
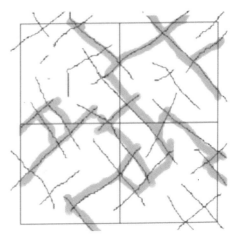

图 7-25　网块内连通而网块间不连通　　　　图 7-26　网块内不连通而网块间连通

1. 离散裂缝网络模型

面对以上的困难,许多研究者进行了探索性的研究。到 20 纪世 80 年代,由于 Jane Long (UC-Berkeley/LBL)、Bill-Dershowitz (MIT/Golder)、Peter-Robinson (Oxford/AEA Harwell)等人的出色工作,离散裂缝网络(DFN)模型正式出现并广泛传播。

离散裂缝网络模型使把地球物理、地质、油藏工程等多方面的数据整合在一起形成对裂缝的系统描述成为可能。同时,它是一个随时进行自身兼容性检验的模型,保证了所建立模型的自洽性。它自身的地质统计性质而导致的关于不确定性的信息也使我们的决策有了更多的选择空间。

1)基本概念

DFN 模型是目前世界上描述裂缝的一项最先进的技术(图 7-27),它通过展布于三维空间中的各类裂缝网络集团的错综复杂的交互作用来构建整体的裂缝模型,每类裂缝网络集团又由大量具有不同形状、坐标、尺寸、方位、开度及所附带的基质块等属性的裂缝片组成,由此实现了对裂缝系统从几何形态至渗流行为的逼真细致的有效描述。因此,DFN 给出了更加接近于实际地层的裂缝描述体系。至于基质,则可以用与裂缝片呈连通关系的孔隙空间来描述。

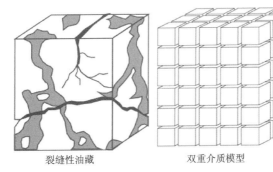

图 7-27　描述裂缝的两种模型

2）实现方法

DFN 模型所采用的是一种面向对象的地质统计建模方法。在裂缝片的生成过程中，它逐个生成每个裂缝片。每个裂缝片有位置、方向、形态、厚度、曲率，以及依附于它的基质块类型等一系列属性，这些属性的确定要么依据事先已经存在的规定，要么依据一些事先已经存在的统计关系随机地生成。根据来源的不同，裂缝片又分属于不同的裂缝集团，每一集团具有一些共性的特点，并成批生成。

3）实现步骤

DFN 建模通常有以下步骤。

（1）大裂缝建模。通常这些都是些由地震等资料确定的大的断层和裂缝，它们的位置和形态基本上都是确定的，不需要随机生成。

（2）中等裂缝和小裂缝建模。这些裂缝形成了储层裂缝网络的主体部分，通常我们不可能具有每个裂缝片的详细信息，但我们可以获得关于它们的分布密度、方位密度、大小、开度等许多方面的统计信息和先验认识。利用这些信息，我们就可以用地质统计的方法随机生成由成千上万个这样的裂缝片组成的裂缝系统，使之满足各种先验统计和认识。

（3）加入地层顶、底界面对上述裂缝片进行切割，同时加入基质系统，生成最终的裂缝地层模型。

2. 储层裂缝发育特征

随着低渗透储量的不断探明和启用，裂缝性油藏在我国油气资源开发中也占据日益重要的地位。据统计，低、特低渗裂缝性储层的油气资源量占我国总资源量的 1/3 左右。低渗透储层不同程度地发育天然裂缝，对油气田开发有不同程度的影响，目前常用的裂缝研究方法主要分为以下几种。

（1）地质方法，包括相似露头裂缝观测、区域构造史研究、岩心观察、薄片鉴定、岩石力学参数测定、凯塞效应测定（记忆历史最大应力和应变的能力）。

（2）地球物理方法，包括成像测井、声波测井、地层倾角测井等；以及地震断裂系统解释、振幅和相位特征、三维纵波、多波多分量、VSP 等。

（3）油藏工程方法，包括试井、动态分析、同位素测试、压裂曲线分析。

（4）钻井工程方法，包括水泥浆漏失分析、井壁崩落及钻时曲线分析等。

3. 岩心和成像测井裂缝描述

在前人地质研究成果的基础上，本书对研究区裂缝发育特征进行综合分析和总结。研究区英买 32 区块主要包括两个井区，英买 33 井区和英买 321 井区，目的层位为寒武系—奥陶系地层，其中英买 33 区块已有钻井 4 口，成像测井裂缝解释 3 口，英买 321 区块有成像测井裂缝解释 8 口。

岩心是了解地下地质情况的人工露头，对研究被揭露地段的地层岩性、地层时代以及地下岩层裂缝问题等具有极为重要的作用。

根据岩心及成像测井综合裂缝分析，认为研究区裂缝发育，以高角度缝为主，裂面为充填—半充填,裂缝开度多小于 $100\mu m$,英买 321 井区以窄缝和微缝为主,英买 33 井区中缝相对较发育,以窄缝和中缝为主。

岩心能揭露部分节理的存在,但对于定向问题却无法很好地解决。目前主要采取古地磁法定位岩心裂缝走向,通过研究表明,英买 321 井区裂缝走向主要为北东-南西向,英买 33 井区裂缝走向有北东-南西向和北西-南东向,裂缝走向与现今最大主应力方形平行或呈低角度相交(图 7-28~图 7-30)。

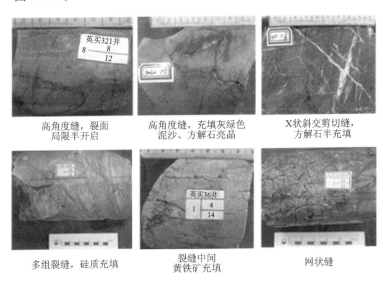

图 7-28 英买 32 区块岩心裂缝发育特征

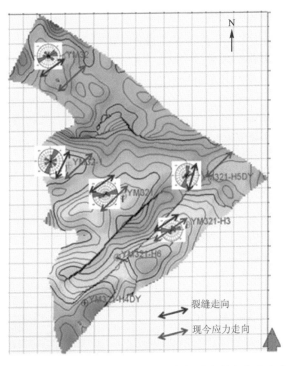

图 7-29 英买 321 井区裂缝发育方向与现今最大主应力方向图

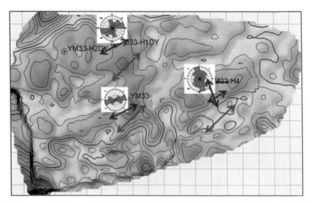

图 7-30 英买 33 井区裂缝发育方向与现今最大主应力方向图

4. 裂缝成因及控制因素分析

根据野外露头观测并结合岩心裂缝分析等研究,认为英买 32 区块裂缝发育程度主要受构造因素和岩性因素影响。

1)构造因素

根据综合地质研究,在英买 32 区块地应力形成过程中,寒武系—奥陶系油层裂缝主要受到三期断裂的影响(图 7-31),第一期,南北向构造挤压应力作用下形成北西向及大型近东西向逆冲断裂;第二期,受先期东西向逆冲带的影响,北西-南东向应力在英买 32 地区西北部分解,形成近东西向走滑剪切断裂;第三期以右旋压扭应力为主,形成右旋走滑断裂,断层走向为北东向;每期断裂形成其相关伴生裂缝,英买 33 区裂缝发育主要受一期和二期断裂影响,英买 321 区裂缝发育主要是受到最晚一期断裂影响,英买 33 区裂缝发育主要受一期和二期断裂影响,应力由早期南北向挤压应力转变为北西-南东向挤压应力,期间发育的裂缝方向与一期断层近于平行或与二期裂缝高角度相交;英买 321 区裂缝主要受最晚一期断裂影响,在右旋压扭应力作用下,发育北东-南西向且与断层右旋呈一定角度相交的裂缝。

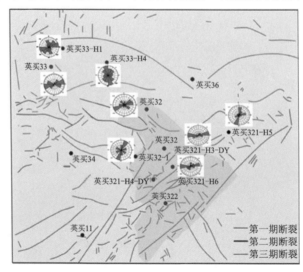

图 7-31 英买 32 区块三期裂缝分布特征

同时，裂缝发育受不同级别断裂影响程度不同，研究区断裂根据发育程度分为三级，裂缝主要与一级和二级断裂相关(图 7-32)，英买 33 区裂缝主要受到一级大断裂控制，裂缝发育数量多，以窄缝和中缝为主。英买 321 区英买 32、英买 321 井靠近一级断裂，裂缝发育密度较大，而英买 321-H3、英买 321-H4、英买 321-5H 导眼井，靠近二级断裂，裂缝发育密度相对较小，另外，英买 321-H3、英买 321-H6 水平井段，处于二级断裂密集区且靠近一级断裂，水平段目的层主要发育粗—中粒的白云岩，裂缝密度大且以窄缝为主。裂缝发育程度与距断裂距离相关，距离断层越近裂缝越发育。

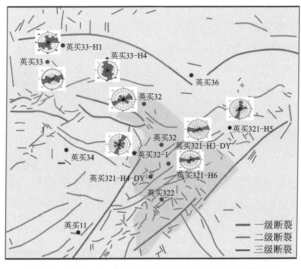

图 7-32　英买 32 区块裂缝发育级别及裂缝发育关系

2) 岩性因素

根据岩心和成像测井解释结果，英买 32 区块裂缝发育程度和级别与岩性密切相关，其发育特征受沉积基准面控制，首先裂缝主要发育在细中晶白云岩中，泥粉晶白云岩发育程度低；其次，裂缝发育级别受控于岩性，细中晶白云岩以窄缝为主，泥粉晶云岩以微缝为主，裂缝大多发育在台内滩细—中晶白云岩中，泥粉晶云岩有少量裂缝发育；泥粉晶云岩内裂缝开度以 0.1~10μm 的微缝为主，细—中晶白云岩内裂缝以 10~100μm 的窄缝为主；泥晶白云岩发育裂缝少且以微缝为主(图 7-33)。

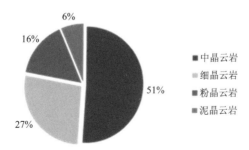

图 7-33　英买 32 区块裂缝发育程度与岩性关系

5. 挠曲度分析

前人对英买 32 区块裂缝发育研究成果表明,其裂缝发育主要是构造成因,因此我们在对英买 32 区块进行裂缝建模工作之前,先开展裂缝与构造背景下的挠曲度分析以及裂缝与断层距离的相关性研究等几个方面工作,为下一步裂缝强度属性体的建立提供了约束条件。

由于裂缝的发育与构造有关,因此挠曲度大的地方可能发生张性裂缝的概率就较大。挠曲度分析方法是假定岩石性质为脆性,在地层层面发生变形时,张曲率大的位置将出现拉张裂缝。

裂缝密度分布符合张剪莫尔-库仑准则。分析过程可以写为

$$KX=[W(X+K1,Y)-2W(X,Y)+W(X-K2,Y)]/(K1K2)$$
$$KY=[W(X,Y+H1)-2W(X,Y)+W(X,Y-H2)]/(H1H2)$$
$$KXY=[W(X+K1,Y+H1)-W(X+K1,Y-H2)-W(X-K2,Y+H1)+W(X-K2,Y-H2)]/[(K1+K2)(H1+H2)]$$

这里,KX,KY,KXY 分别是沿 X 轴方向的曲率,沿 Y 轴方向的曲率和扭转曲率;K1,K2,H1,H2 分别是(X,Y)坐标 4 个方向的网格间距;W 为抗压强度。

通过对研究区目的层进行挠曲度计算,从构造挠曲度分析图上可以看出(图 7-34),英买 321 井区的高挠曲区呈条带分布,且大多分布在大断裂附近,这些北东向的局部条带对应着张性裂缝发育带。

图 7-34　英买 321 井区挠曲度属性体

6. 裂缝与断层距离分析

断层是裂缝的宏观表现,裂缝是断层形成的雏形。理论研究和实际观测结果表明,断层和裂缝的形成机理是一致的。断层的形成可分为 3 个阶段:第一个阶段是大量的微裂缝形成;第二个阶段是由于微裂缝的形成而使岩石的坚固性下降,导致应力集中,许多微裂缝合并而成为大裂缝;第三个阶段是大裂缝形成断层。

一般来说,在业已存在的断层附近,总有裂缝与其伴生,两者发育的应力场是一致的。裂缝发育程度与距断层面的距离、断层的位移量及断层类型等因素有关。在断层附近裂缝较发

育,随着与断层面距离的增加,裂缝发育程度降低。在断层上下盘裂缝发育具有同样的规律。另外,根据力学实验可知,断层末端、断层交会区及断层外凸区是应力集中区,也是裂缝相对发育带。

在英买321井区断层及构造模型的基础上,建立了断层距离分析属性体(图7-35),为下一步裂缝强度属性体的建立提供约束条件。

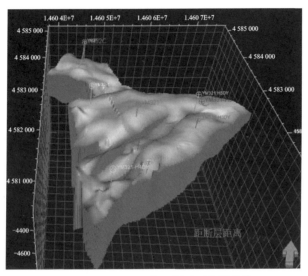

图7-35 英买321井区断层距离属性体

7. 测井裂缝强度曲线

裂缝强度曲线、裂缝强度累计曲线等裂缝属性都可以从成像测井等观测裂缝数据得到。裂缝曲线可以通过加载的裂缝数据自动计算产生,当产生裂缝强度以及裂缝属性时,需要根据研究区的具体地质分析提供窗口长度,这个窗口长度是用来平滑数值的,本次窗口长度为5m。

裂缝强度曲线可以被粗化到模型中去,并进行模拟得到的属性体可以作为基础数据用来产生裂缝网络,裂缝强度曲线可通过计算累计概率的曲线偏差来获得。通过这种方法生成英买32区块单井裂缝强度及累计概率曲线以后,可以通过各分层建立裂缝发育方向及倾角的玫瑰花图,也可以将裂缝数据点以蝌蚪图的形式表示出来,用以描述该区的裂缝发育特征及裂缝发育的情况。

通过对英买321井区裂缝强度曲线的直方图统计发现(图7-36),裂缝强度集中在0.2~0.7之间,最大值为1.8。单井裂缝强度多小于1,裂缝强度不高,表明区域裂缝发育程度一般。

8. 裂缝强度属性体模拟

在裂缝网络模型的建立中,非常重要的一个约束条件就是裂缝强度属性体,它是常规裂缝解释与裂缝发育规律性研究的充分结合,另外还可以将开发过程中动态反映的裂缝信息充分结合进去,具体的生成主要包括以下几个方面。

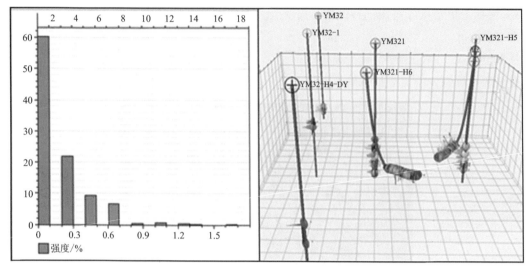

图 7-36　英买 321 井区裂缝强度统计直方图及三维空间显示图

1) 动态反映的裂缝信息

通过动态分析形成的各层动态裂缝分布认识，通过确定性建模，建立裂缝强度属性体。

2) 构造挠曲度分析约束下的裂缝强度建模

利用各井点的裂缝常规解释数据，生成各井的裂缝强度曲线，首先通过曲线离散化将裂缝强度曲线离散化，然后在构造挠曲度的趋势约束下，按照分析的裂缝方向，模拟形成主应力方向裂缝强度属性体。

3) 断层分布距离约束下的裂缝强度建模

利用各井点的裂缝常规解释数据，生成各井的裂缝强度曲线，首先通过曲线离散化将裂缝强度曲线离散化，然后在断层距离的约束下，按照分析的裂缝方向，模拟形成主应力方向裂缝强度属性体。

通过 Petrel 软件的属性运算模块，将上面生成的几个裂缝强度属性体进行加权，生成一个综合反映该井区动态、构造等特征的裂缝强度属性体(图 7-37)。

9. DFN 模型建立

裂缝建模的目的是创建能够预测油藏裂缝属性的裂缝模型，通过较准确的裂缝模型，用户可以详尽地描述裂缝的空间发育特征与分布规律。Petrel 将以离散性数据形式来描述裂缝，每一条裂缝都可以用一个面表示，用 Poisson 法则描述裂缝体积，裂缝长度和裂缝形状可以由用户自定义或通过算法进行描述，裂缝倾角用 Fisher 分布定义，进而建立离散裂缝模型。通过裂缝密度、位置、开度来确定裂缝的孔隙度和渗透率，并生成地质模型网格单元值。

上面形成的裂缝强度属性体可作为裂缝发育富集程度的一个重要约束条件，采用 Petrel 软件 DFN 裂缝建模模块，根据岩性与裂缝发育特征的关系，分不同岩性设定了裂缝的缝长及方位等参数，进行了裂缝片的模拟和生成。

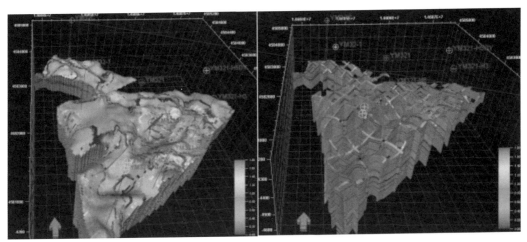

图 7-37　英买 32 区块裂缝强度属性体

在 Petrel 中,为了产生裂缝,需要作一些输入设置,主要包括以下几个方面。

(1)裂缝的分布:设定在哪个基质模型中去生成,选择生产的区域等,还要定义裂缝密度的计算方法和植入裂缝的密度属性体。

裂缝密度计算方法为裂缝表面积/网格体积,通常应用粗化的裂缝强度曲线属性体来计算。在建立该区裂缝网络模型时,分不同岩性来模拟,裂缝密度计算方法应用的单位体积的裂缝面积,约束条件应用的裂缝强度属性体。

(2)裂缝的几何形态:需要定义裂缝的形状、裂缝的长度分布等。在软件中是用 Poisson 法则描述裂缝体积,裂缝长度和裂缝形状可以由用户自定义或通过算法进行描述。在模拟中定义的裂缝片形状为四个面,长宽比为 2∶2;裂缝长度的计算遵循 Log-normal 法则,不同岩性裂缝的长度根据之前裂缝动态预测最大长度确定。

(3)裂缝的方位:可以设置 3D 属性体或者面的趋势约束条件,设定平均倾角、方位角和集中度等。本区前期裂缝研究显示,裂缝均为高角度缝,大于 60°,而走向主要为北东-南西向,因此模拟中平均倾角参数设置为 75°,倾向 135°。

(4)裂缝张开度和渗透率:不同的岩层内,裂缝的张开度不同,泥粉晶云岩以微裂缝为主,张开度一般小于 $10\mu m$,细—中晶云岩张开度较大,以窄缝为主,张开度为 $10\sim 150\mu m$。参数设置完成以后,针对每种岩性的裂缝发育情况,逐个调节参数进行裂缝网络模型的建立,生成英买 321 井区的裂缝网络模型,保证单井裂缝片与单井裂缝解释结果一致(图 7-38)。

10. 裂缝模型粗化

Petrel 中包含两种渗透率粗化方法,两种方法在运算过程中都要直接使用 Golder 技术。Oda 是数据统计计算方式,它以单个网格内裂缝的总面积及裂缝的不同参数为基准,进行渗透率估算。另一种方法是基于流体的粗化技术,它为每个网格都进行特别的限定,并在压力梯度下进行流动模拟,以计算每个方向的渗透率。

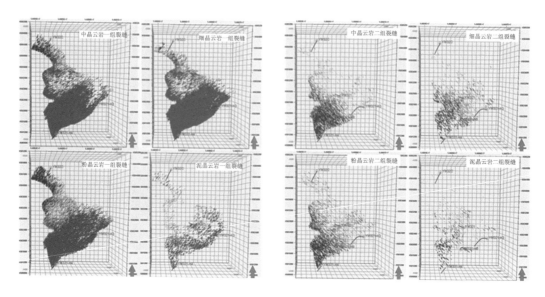

图 7-38　英买 321 井区主力小层裂缝网络模型

最终通过 Oda 算法,将 DFN 模型粗化到基质网格,得到裂缝属性模型,其中裂缝孔隙度值极小,相对于基质孔隙度可以忽略不计,裂缝渗透率模型非均质性强,平面渗透率最小值小于 $1\times10^{-3}\mu m^2$,最大值为 $892\times10^{-3}\mu m^2$,垂向裂缝渗透率小于平面渗透率(图 7-39～图 7-41)。

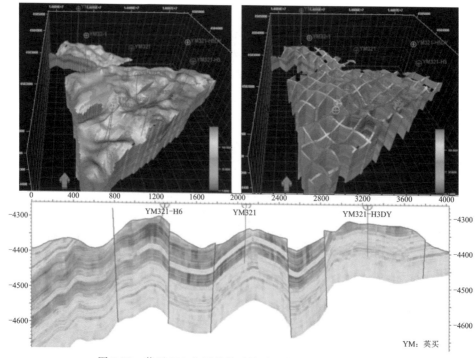

图 7-39　英买 321 井区粗化后的裂缝渗透率模型(I 方向)

第七章 油藏地质建模

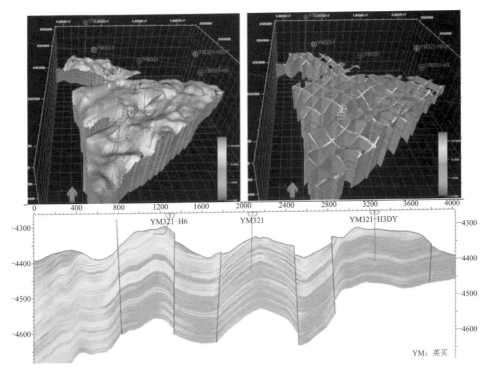

图 7-40 英买 321 井区粗化后的裂缝渗透率模型(J 方向)

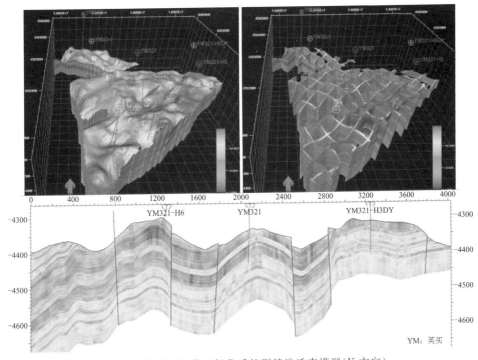

图 7-41 英买 321 井区粗化后的裂缝渗透率模型(K 方向)

根据研究区油气藏特点及数值模拟技术的要求,本节设计了数值模拟网格系统,将精细的地质模型转换为数值模拟静态模型,粗化后的结果反映了英买321井区储层的主要地质特征及流动响应特征;裂缝模型通过Oda算法粗化到基质模型中去,形成裂缝介质的属性体,保留了裂缝的属性参数,并满足了油气藏数值模拟的实际需要。

参考文献

白仲才. 2008. 塔北南缘中、上奥陶统碳酸盐岩沉积相及相模式[D]. 北京:中国地质大学(北京).

陈明,许效松,万方,等,2004. 塔里木盆地柯坪地区中—下奥陶统碳酸盐岩露头层序地层学研究[J]. 沉积学报,22(1):110-116.

陈胜,2007. 塔河油田奥陶系古岩溶及储层特征研究[D]. 成都:成都理工大学.

戴金星,王廷栋,戴鸿鸣,等,2000. 中国碳酸盐岩大型气田的气源[J]. 海相油气地质,5(1):143-144.

段中钰,庞宏,蒲青山,等,2011. 塔里木盆地塔中地区志留系油气成藏模式[J]. 科技导报,29(23):39-45.

高志前,樊太亮,刘忠宝,等,2005. 塔里木盆地塔中地区奥陶系关键不整合性质论证及其对储层的影响[J]. 石油天然气学报,27(4):567-569.

高志前,樊太亮,焦志峰,等,2006. 塔里木盆地寒武—奥陶系碳酸盐岩台地样式及其沉积响应特征[J]. 沉积学报,24(1):19-27.

高志前,王惠民,樊太亮,等,2005. 塔里木盆地寒武—奥陶系沉积相沉积体系及其组合序列[J]. 新疆石油天然气,1(1):30-35.

顾家裕,朱筱敏,贾进华,等,2003. 塔里木盆地沉积与储层[M]. 北京:石油工业出版社.

顾家裕,1991. 塔里木盆地轮南地区下奥陶统碳酸盐岩岩溶储层特征及形成模式[J]. 古地理学报,1(1):55-60.

顾礼敬,2011. 塔里木盆地塔中地区奥陶系碳酸盐岩油气分布规律与成藏模式[D]. 北京:中国地质大学(北京).

顾炎午,2009. 塔河油田南部盐下奥陶系储层特征研究[D]. 成都:成都理工大学.

关士聪,王胜,张绍维,等,1981. 关于研究中国中、新生代陆相含油气盆地几个问题的讨论[J]. 石油与天然气地质(4):314-320.

郭建华,1996. 塔北隆起早奥陶世碳酸盐岩沉积相与海平面变化[J]. 新疆石油地质,17(4):338-344.

郭建华,沈昭国,李建明,1994. 塔北东段下奥陶统白云石化作用[J]. 石油与天然气地质,15(1):51-59.

何登发,贾承造,李德生,等,2005. 塔里木多旋回叠合盆地的形成与演化[J]. 石油与天然气地质,26(1):64-77.

贺勇,黄擎宇,谢世文,等,2011.塔里木盆地下奥陶统蓬莱坝组沉积相特征[J].新疆地质,29(3):306-310.

胡九珍,刘树根,冉启贵,等,2009.塔东地区寒武系—下奥陶统成岩作用特征及对优质储层形成的影响[J].成都理工大学学报(自然科学版),4(36):138-146.

胡明毅,付晓树,蔡全升,等,2014.塔北哈拉哈塘地区奥陶系鹰山组——间房组岩溶储层特征及成因模式[J].中国地质,41(5):1476-1486.

黄文辉,王安甲,樊太亮,等,2012.塔里木盆地寒武—奥陶系白云岩储集特征与成因探讨[J].古地理学报,14(2):197-208.

贾承造,2004.塔里木盆地板块构造与大陆动力学[M].北京:石油工业出版社.

贾承造,魏国齐,1999.塔里木盆地构造特征与油气聚集规律[J].新疆石油地质,20(3):177-183.

姜华,张艳秋,潘文庆,等,2013.塔北隆起英买2井区碳酸盐岩储层特征及岩溶模式[J].石油学报,34(2):232-238.

姜在兴,李华启,1996.层序地层学原理及应用[M].北京:石油工业出版社.

瞿辉,徐怀大,郭齐军,1997.塔里木盆地北部奥陶系层序地层研究[J].现代地质,11(1):8-13.

康玉柱,2001.塔里木盆地大气田形成的地质条件[J].石油与天然气地质,22(1):21-25.

康玉柱,等,1992.塔里木盆地古生代海相油气田[M].武汉:中国地质大学出版社.

康玉柱,1993.塔里木盆地形成演化及构造特征与油气关系[J].新疆地质,11(2):95-107.

康玉柱,等,1996.中国塔里木盆地石油地质特征及资源评价[M].北京:地质出版社.

孔金平,刘效曾,1998.塔里木盆地塔中地区奥陶系碳酸盐岩储层空隙研究[J].矿物岩石,18(3):25-33.

旷理雄,2007.塔里木盆地北部于奇地区奥陶系与三叠系油气成藏机制[D].长沙:中南大学.

旷理雄,郭建华,陈运平,等,2010.塔木盆地巴麦地区小海子组碳酸盐岩储集层特征与油气成藏[J].中南大学学报(自然科学版),41(6):2288-2296.

李传新,王晓丰,李本亮,2010.塔里木盆地塔中低凸起古生代断裂构造样式与成因探讨[J].地质学报,84(12):1727-1733.

李国蓉,徐国强,邓小江,等,2005.塔里木盆地中上奥陶统礁滩相碳酸盐岩储层研究[R].北京:中国石油化工股份有限公司勘探开发研究院.

李坤,2009.塔里木盆地三大控油古隆起形成演化与油气成藏关系研究[D].成都:成都理工大学.

李映涛,叶宁,黄擎宇,等,2012.塔里木盆地塔中地区奥陶系层序地层特征及沉积演化[J].中国西部科技,11(1):23-25.

刘存革,李涛,吕海涛,2010.阿克库勒凸起中—上奥陶统地层划分及加里东中期第Ⅰ幕古喀斯特特征[J].成都理工大学学报(自然科学版),37(1):55-63.

刘文,阎相宾,李国蓉,2002.塔河油田奥陶系储层研究[J].新疆地质,20(3):201-204.

刘新月,赵德力,郑斌,等,2001.油气成藏研究历史、现状及发展趋势[J].河南石油(3):10-14+1-2.

刘忠宝,2006.塔里木盆地塔中地区奥陶系碳酸盐岩储层形成机理与分布预测[D].北京:中国地质大学(北京).

刘忠宝,于炳松,李廷艳,等,2004.塔里木盆地塔中地区中上奥陶统碳酸盐岩层序发育对同生期岩溶作用的控制[J].沉积学报,2(1):103-109.

吕修祥,周新源,李建交,等,2007.塔里木盆地塔北隆起碳酸盐岩油气成藏特点[J].地质学报(8):1057-1064.

吕修祥,周新源,杨宁,等,2007.塔里木盆地断裂活动对奥陶系碳酸盐岩储层的影响[J].中国科学(D辑:地球科学),81(8):1057-1063.

吕艳萍,赵秀,2012.塔河油田东南斜坡区奥陶系岩溶储层形成机制与发育分布模式研究[J].矿物岩石,32(1):107-115.

罗日升,袁玉春,邓兴梁,等,2013.塔北隆起英买32潜山区白云岩储层特征及主控因素研究[J].石油天然气学报(江汉石油学院学报),35(11):21-26.

倪新峰,杨海军,沈安江,等,2010.塔北地区奥陶系灰岩段裂缝特征及其对岩溶储层的控制[J].石油学报,31(6):933-940.

倪新峰,张丽娟,沈安江,等,2009.塔北地区奥陶系碳酸盐岩古岩溶类型、期次及叠合关系[J].中国地质,36(6):1312-1321.

潘文庆,胡秀芳,刘亚雷,等,2012.塔里木盆地西北缘奥陶系碳酸盐岩中两种来源热流体的地质与地球化学证据[J].岩石学报,28(8):2515-2524.

漆立新,云露,2010.塔河油田奥陶系碳酸盐岩岩溶发育特征与主控因素[J].石油与天然气地质,31(1):1-12.

钱一雄,邹森林,尤东华,等,2007.碳酸盐岩表生岩溶与埋藏溶蚀比较——以塔北和塔中地区为例[J].海相油气地质,12(2):1-7.

强子同,2007.碳酸盐岩储层地质学[M].东营:中国石油大学出版社.

任美锷,1983.岩溶学概论[M].北京:商务印书馆.

阮壮,于炳松,李朝晖,等,2010.塔北与塔中地区奥陶系碳酸盐岩储层成因对比研究[J].沉积与特提斯地质,30(3):84-89.

邵冬梅,2012.不同水流速度下温度对奥陶系碳酸盐岩溶蚀速度的影响[J].煤田地质与勘探,40(3):62-65.

邵龙义,1994.碳酸盐岩氧、碳同位素与古温度等的关系[J].中国矿业大学学报,23(1):39-45.

申涛,2015.塔北地区寒武系层序沉积相及白云岩储层特征分析[D].成都:成都理工大学.

申涛,杨雁峰,李辉,2014.沙雅隆起寒武系层序与沉积相研究[J].天然气技术与经济,8(6):20-24.

沈安江,郑剑锋,顾乔元,等,2008.塔里木盆地巴楚地区中奥陶统一间房组露头礁滩复合体储层地质建模及其对塔中地区油气勘探的启示[J].地质通报,27(1):137-148.

施奇,2015.塔河西部—间房组层序、沉积相及储层发育分布规律研究[D].成都:成都理工大学.

石彦,何樵登,2004.塔里木盆地塔河油田碳酸盐岩储层研究[D].长春:吉林大学.

史其安,马宝林,1990.新疆巴楚—柯坪地区上石炭统碳酸盐岩的沉积环境与成岩作用[J].沉积学报,8(4):59-67.

斯春松,乔占峰,沈安江,等,2012.塔北南缘奥陶系层序地层对岩溶储层的控制作用[J].石油学报,33(2):136-144.

孙龙德,2004.塔里木含油气盆地沉积学研究进展[J].沉积学报,22(3):409-416.

孙瑞,陈曦,明爽,等,2012.鄂尔多斯盆地西北部奥陶系马家沟组斑状白云岩成因机理及储集特征[J].新疆地质,30(4):442-447.

谭承军.塔河碳酸盐岩油田储集空间与储集体连通关系初探[A]//翟晓先,2006.塔河油气田勘探与评价文集.北京:石油工业出版社.

汤鸿伟,2010.塔河外围于奇地区奥陶系碳酸盐岩储层特征研究[D].成都:成都理工大学.

唐健生,夏日元,邹胜章,等,2004.塔里木盆地西北缘野外溶蚀实验研究[J].中国岩溶,23(3):234-237.

唐四城,颜修刚,2005.塔河油田奥陶系油藏成藏史探讨[J].西部探矿工程,17(4):79-81.

藤贯正,1979.用微量元素分析碳酸盐岩的古环境[J].地质地球化学(3):53-57.

田华,张水昌,柳少波,等,2012.压汞法和气体吸附法研究富有机质页岩孔隙特征[J].石油学报,33(3),419-427.

王安甲,初广震,黄文辉,等,2008.塔里木盆地奥陶系碳酸盐岩碳氧稳定同位素地球化学特征[J].成都理工大学学报(自然科学版),35(6):700-704.

王飞宇,边立曾,张水昌,2001.塔里木盆地奥陶系海相源岩中两类生烃母质[J].中国科学,31(2):96-102.

王清华,唐子军,赵福元,等,2009.塔里木盆地志留系成藏地质条件与油气勘探前景[J].新疆石油地质,30(2):168-170.

王毅,张一伟,金之钧,等,1999.塔里木盆地构造-层序分析[J].地质论坛,45(5):504-513.

王招明,陆福,2002.碳酸盐岩储层流体性质识别新技术[J].测井技术,26(1):60-63.

伍致中,1996.塔里木盆地西部及邻区构造形成机制[J].新疆石油地质,17(2):97-104.

武芳芳,朱光有,张水昌,等,2009.塔里木盆地油气输导体系及对油气成藏的控制作用[J].石油学报,30(3):332-341.

肖玉茹,王敦则,等,2003.新疆塔里木盆地塔河油田奥陶系古洞穴型碳酸盐岩储层特征及其受控因素[J].现代地质(1):92-98;.

肖玉茹,何峰煜,孙义梅,2003.古洞穴型碳酸盐岩储层特征研究——以塔河油田奥陶系古洞穴为例[J].石油与天然气地质,24(1):75-80.

参考文献

徐怀大,魏魁生,1993.华北典型箕状断陷盆地层序地层学模式及其与油气储存关系[J].地球科学,18(2):139-149.

闫相宾,韩振华,李永宏,2002.塔河油田奥陶系油藏的储层特征和成因机理探讨[J].地质论评,48(60):619-626.

杨永剑,2011.塔里木盆地寒武系层序岩相古地理及生储盖特征研究[D].成都:成都理工大学.

于炳松,陈建强,陈晓林,等,2004.塔里木盆地下寒武统底部高熟海相烃源岩中有机质的赋存状态[J].29(2):198-202.

于炳松,1996.塔里木盆地北部寒武—奥陶纪层序年代地层体制[J].现代地质,10(1):93-98.

于炳松,1996.塔里木盆地北部寒武—奥陶纪层序地层格架[J].矿物学报,16(3):298-303.

于炳松,陈建强,林畅松,2005.塔里木盆地奥陶系层序地层格架及其对碳酸盐岩储集体发育的控制[J].石油与天然气地质,26(3):305-316.

于清河,1988.塔里木盆地寒武—奥陶系碳酸盐岩储层特征及其分布[J].新疆石油地质,9(1):32-36.

俞仁连,2005.塔里木盆地塔河油田加里东期古岩溶特征及其意义[J].石油实验地质,27(5):468-478.

俞仁连,傅恒,2006.构造运动对塔河油田奥陶系碳酸盐岩的影响[J].天然气勘探与开发,29(2):1-5.

张宝民,张水昌,尹磊明,等,2005.塔里木盆地晚奥陶世良里塔格型生烃母质生物[J].微体古生物学报,22(3):243-250.

张达景,2008.塔河油田碳酸盐岩油气成藏过程与勘探建议[C].新疆:中国石化西北油田分公司2008年春季勘探部署会.

张光亚,赵文智,王红军,2007.塔里木盆地多旋回构造演化与复合含油气系统[J].石油与天然气地质,28(5):653-663.

张恺,1990.论塔里木盆地类型、演化特征及含油气远景评价[J].石油与天然气地质,11(1):1-15.

张文博,金强,徐守余,等,2012.塔北奥陶系露头古溶洞充填特征及其油气储层意义[J].特种油气藏,19(3):50-54.

张学丰,李明,陈志勇,等,2012.塔北哈拉哈塘奥陶系碳酸盐岩岩溶储层发育特征及主要岩溶期次[J].岩石学报,28(3):815-826.

赵学钦,杨海军,马青,等,2014.塔北奥陶系碳酸盐岩沉积演化特征及台地发育模式[J].沉积与特提斯地质,34(2):36-42.

赵宗举,吴兴宁,潘文庆,等,2009.塔里木盆地奥陶纪层序岩相古地理[J].沉积学报,27(5):939-955.

赵宗举,赵治信,黄智斌,2006.塔里木盆地奥陶系牙形刺带及沉积层序[J].地层学杂志,30(3):193-203.

赵宗举,周新源,王招明,等,2007.塔里木盆地奥陶系边缘相分布及储层主控因素[J].石油与天然气地质,28(6):738-744.

郑丹,2012.弧前盆地与弧后盆地油气成藏特征对比[D].北京:中国地质大学(北京).

郑兴平,刘永福,张杰,等,2013.塔里木盆地塔中隆起北坡下奥陶统鹰山组内幕优质白云岩储层特征与成因探讨[J].石油实验地质,35(2):157-161.

朱东亚,金之钧,胡文瑄,2010.塔北地区下奥陶统白云岩热液重结晶作用及其油气储集意义[J].中国科学:地球科学,40(2):156-170.

朱怀平,程同锦,李武,等,2005.塔北地区甲烷碳同位素特征与烃类运移方式[J].石油与天然气地质,26(4):450-460.

AYDIN A,2000. Fractures faults and hydrocarbon entrapment, migration and flow[J]. Marine and Petroleum Geology,17(7):797-814.

BALASHOV A, TUGARINOV A I, 1976. Abundance of rare-earth elements in the Earth's crust:Evidence for origin of granites and recent sedimentary rocks[J]. Geochemical Journal,10(2):103-106.

BOVER-ARNAL T, RAMON S, 2009. Kamp Transgressive surfaces of erosion as sequence boundary markers in cool-water shelf carbonates[J]. Sedimentary Geology,16(4):179-189.

CAPLAN P, 1993. Cataloging internet resources[J]. The Public Access Computer Systems Review,4(2):61-66.

CATUNEANU O, ABREU V, BHATTACHARYA J P, et al., 2009. Towards the standardization of sequence stratigraphy[J]. Journal of Sedimentary Petrology,52(4):1203-1227.

ROSS C, ROSS J, 1988. Late Palaeozoic transgreosive-regressive deposition, in sea-level changes:an integrated approach[J]. SEPM Special Publication.

ELRICK V M, BATHURST R G C. 1993. Carbonate diagenesis. Reprint series volume 1 of theinternational Association of Sedimentologists[M]. Oxford:Blackwell Scientific Publication.

LOUCKS R G, SARG J F, 1983. Carbonate Sequence Stratigraphy: Recent Developments and Applications[J]. AAPG Memoir(1):3-41.

HINDLE A D,1997. Petroleum migration pathways and charge concentration:A three-dimensional model[J]. AAPG Bulletin,81(9):1451-1481.

HOOPER E C D, 1991. Fluid migration along growth faults in compacting sediments[J]. Journal of Petroleum Geology,14(2):161-180.

HUBBERT M K, 1953. Entrapment of petroleum under hydrodynamic conditions[J]. AAPG Bulletin,37(8):1954-2026.

SHIELDS M J, BRADY P V, 1995. Mass balance and fluid flow constraints on regional scale dolomitization, Late Devonian, Western Canada Sedimentary Basin[J]. Bulletin of Canadian Petroleum Geology(43):371-392.

TINKER S W, EHRETS J R, BRONDOS M D, 1995. Multiple karst events related to stratigraphic cyclicity: San Andres formation, Yates field, west Texas [J]. Unconformities and Porosity in Carbonate Strata: American Association of Petroleum Geologists (63): 213-237.

WALTHAM T A, 1995. The pinnacle karst of Gunung Api, Mulu, Sarawak[J]. Cave and Karst Science(22):123-126.

WALTHAM T A, 2002. Gypsum karst near Sivas, Turkey[J]. Cave and Karst Science (29):39-44.

WARREN J, 2000. Dolomite: occurrence, evolution and economically important associations[J]. Earth-Science Review(52):1-81.

ZHAO W Z, ZHU G Y, ZHANG S C, et al., 2009. Relationship between the later strong gas-charging and the improvement of the reservoir capacity in deep Ordovician carbonate reservoir in Tazhong area, Tarim Basin[J]. Chinese Science Bulletin, 54(17):3076-3089.

ZHONG J H, MAO C, LI Y, et al., 2012. Discovery of the Ancient Ordovician oil-bearing Karst Cave in Liuhuanggou North Tarim Basin, and its Significance[J]. Science China Earth Sciences, 55(9):1406-1426.

ZHU G Y, ZHANG S C, 2009. Hydrocarbon accumulation conditions and exploration potential of deep reservoirs in China[J]. Acta Petrolei Sinica, 30(6):793-802.